Mecanismes i màquines I
EL FREC EN LES MÀQUINES

Carles Riba Romeva

UPC Edicions UPC

UNIVERSITAT POLITÈCNICA DE CATALUNYA

Primera edició: setembre de 1999
Segona edició: setembre de 2001
Reimpressió: agost de 2009

Aquesta publicació s'acull a la política de normalització lingüística
i ha comptat amb la col·laboració del Departament de Cultura i
de la Direcció General d'Universitats, de la Generalitat de Catalunya.

En col·laboració amb el Servei de Llengües i Terminologia de la UPC.

Disseny de la coberta: Ernest Castelltort

Producción: LIGHTNING SOURCE

Dipòsit legal: B-36086-2004
ISBN obra completa: 978-84-8301-445-9
ISBN: 978-84-8301-652-7

Presentació

Aquest text, *El frec en les màquines*, juntament amb altres dos textos, *Transmissions d'engranatges* i *Dinàmica de les màquines*, formen un conjunt que sota el títol més general de *Mecanismes i màquines* han estat escrits per donar suport a l'assignatura del mateix nom que s'imparteix a l'Escola Tècnica Superior d'Enginyers Industrials de Barcelona de la Universitat Politècnica de Catalunya (ETSEIB-UPC) corresponent a la titulació d'*Enginyer Industrial.*

El contingut d'aquests escrits s'orienta especialment vers el disseny (o la síntesi) dels mecanismes més freqüents en les màquines i pressuposa els coneixements d'altres assignatures precedents de caràcter més bàsic i centrades en l'anàlisi com ara la *Mecànica* o la *Teoria de Màquines.*

Seguint una tradició en aquestes matèries iniciada en els anys 70 a l'ETSEIB pel professor Pedro Ramon Moliner, es posa l'èmfasi en la resolució de casos extrets d'aplicacions de l'enginyeria mecànica els quals, a més d'oferir una eficàcia pedagògica més gran en obligar l'estudiant a revisar les hipòtesis i a simplificar els models, proporcionen també la base per a una cultura de les màquines. La part expositiva del text pren la forma de guió per a l'estudi i de formulari per a facilitar-ne l'aplicació.

Els problemes inclosos en aquest text han estat proposats per algun dels professors que han impartit assignatures anàlogues a l'ETSEIB en un període que abraça més de 25 anys: Josep Centellas Portella (JCP); Francesc Ferrando Piera (FFP); Juli Garcia Ramon (JGR); Joaquim Martell Pérez (JMP); Mateu Martín Batlle (MMB); Joan Mercader Ferreres (JMF); Xavier Miralles Mas (XMM); Pedro Ramon Moliner (PRM); Carles Riba Romeva (CRR). Voldria agrair l'ajut dels estudiants Maria Viola Molés Mateo i Eduard Bosch i Palau en la realització de les figures.

Espero que aquest text sigui d'utilitat per als estudiants en la preparació de la matèria i que també ho sigui en el desenvolupament de la seva vida professional.

Índex

Presentació

Capítol I El frec en les màquines

1. Efectes del frec en les màquines

1.1   Resistències passives de contacte

Les *resistències passives de contacte* es manifesten a través de l'aparició de forces tangencials d'acció-reacció entre les superfícies de dos cossos en contacte que s'exerceixen una força normal mútua, quan es mouen o tendeixen a moure's tangencialment, i donen lloc a efectes en els enllaços dels mecanismes i de les màquines de gran importància tecnològica.

Entre les resistències passives de contacte més freqüents en les màquines hi ha:

a)   Resistència per frec sec
Resistència passiva de contacte que es dóna entre dues superfícies no lubricades, o amb lubricació límit (presència de capes moleculars de lubricant fortament adherides a les superfícies), i s'estudia per mitjà del model de Coulomb. Quan les superfícies llisquen, el fenomen pren el nom de *fricció* i el model de Coulomb estableix la proporcionalitat entre la força tangencial i la normal; mentre que, quan no llisquen, el fenomen pren el nom d'*adherència*, i les forces tangencials són inferiors a un determinat valor llindar, també proporcional a la força normal. El frec sec en la zona límit entre la fricció i l'adherència dóna lloc al fenomen del *stick-slip*.
El pivotament és una forma de resistència per frec sec quan les dues superfícies en contacte giren (o *pivoten*) sobre un eix perpendicular a elles. En aquest cas, es produeix una distribució de pressions a l'entorn de l'eix i el parell de pivotament és el resultat de la integració dels efectes de les forces de frec.

b)   *Resistència per capa gruixuda de lubricant*

Resistència passiva entre superfícies que llisquen quan hi ha interposat una capa gruixuda de lubricant entre elles. La força tangencial, que depèn de les característiques i moviment del lubricant així com de la geometria del contacte, sol ser molt més petita que la del frec sec. Tanmateix, per crear una capa gruixuda de lubricant cal, o bé una velocitat relativa elevada i mantinguda entre les superfícies (*lubricació hidrodinàmica*; per exemple, en coixinets de cigonyal de motor d'explosió, o coixinets d'un rotor de turbina de vapor a règim), o bé la injecció de lubricant a pressió entre les dues superfícies (*lubricació hidrostàtica*; per exemple, en l'engegada i aturada de grans rotors amb coixinets de fricció).

c)   *Resistència al rodolament*

Resistència passiva que es dóna en els enllaços on s'han interposat elements de rodolament entre les superfícies. La força tangencial necessàries per a vèncer la resistència al rodolament és molt inferior a la del frec sec (entre 10 i 100 vegades), tot i que exigeix condicions més exigents de precisió de fabricació dels elements, de resistència i rigidesa dels materials i de requeriments de lubricació.

En determinats enllaços (engranatges, lleves) on es dóna simultàniament lliscament i rodolament, els efectes del primer fenomen prevalen sobre els del segon.

Efectes del frec

Moltes de les activitats habituals de l'home no serien possibles sense alguna de les manifestacions del frec. Per exemple, caminem gràcies a l'adherència entre el peu (o la sabata) i el terra (altrament resultaria molt difícil mantenir l'equilibri), els nusos no es desfan gràcies al frec entre les bagues dels cordills i de les cordes, o escalfem les mans fregant-les una contra l'altra.

En les màquines el frec comporta dos tipus d'efectes contraposats: a) Efectes negatius que cal minimitzar, com ara l'augment del ròssec en els enllaços, la dissipació d'energia mecànica, la pèrdua de rendiment, o el desgast en les unions; b) Efectes positius que cal controlar convenientment, com ara l'*adherència* per assegurar la retenció mútua entre elements (cargols de fixació, corretges, rodes de tracció, sistemes d'autoretenció, rodes lliures), i la *fricció* per dissipar una energia (frens, amortidors) o per transmetre forces entre membres amb moviment relatiu (embragatges).

Els contactes amb frec sec són la forma més senzilla, barata i freqüent de resoldre els enllaços de les màquines mentre que, per obtenir els beneficis del rodolament o d'una capa gruixuda de lubricant, calen components o dispositius especials més cars i complexos. Aquest capítol tracta fonamentalment del frec sec, alhora que s'estableixen equivalències per al rodolament, però no s'estudien els fenòmens relacionats amb els enllaços amb capa gruixuda de lubricant.

1.2 Contacte lliscant i contacte rodolant

Com s'acaba de dir, el moviment en els enllaços entre membres de les màquines es pot materialitzar de dues formes: per contacte lliscant i per contacte rodolant. Al seu torn, el moviment en el contacte lliscant es pot donar sota les condicions de frec sec (sense lubricació o amb lubricació límit) o amb la presència d'una capa gruixuda de lubricant entre les superfícies.

Els més freqüents en les màquines són el *contacte lliscant amb frec sec* i el *contacte rodolant*, mentre que el contacte lliscant per capa gruixuda de lubricant s'utilitza en aplicacions especialitzades que requereixen o bé una unes condicions específiques de funcionament o bé un sistema de lubricació forçada, i la seva anàlisi demana un càlcul complex. Per tant, en aquesta secció s'estudien els models bàsics per al contacte lliscant amb frec sec (model de Coulomb) i per al contacte rodolant.

Contacte lliscant

El model de Coulomb per al contacte lliscant amb frec sec és el següent:

Fricció
Quan la superfície d'un cos 1, sotmesa a una reacció normal de contacte d'un cos 2, $F_{N2/1}$, es mou amb una velocitat de lliscament relativa no nul·la, $v_{1/2}$, rep l'efecte d'una reacció tangencial de contacte, $F_{T2/1}$, anomenada *força de fricció*, de la mateixa direcció que la velocitat de lliscament i de sentit contrari al moviment relatiu.
Es defineix el *coeficient de fricció*, μ, com el quocient entre la força tangencial i la força normal: $\mu=F_{T2/1}/F_{N2/1}$ i, l'*angle de fricció*, com a $\rho=\text{atan}\mu$ (Figura 1a). El model de Coulomb estableix que aquest coeficient només depèn dels materials en contacte i de l'estat de les seves superfícies (rugositat, lubricació, pel·lícules contaminants, etc.), però no de la velocitat de lliscament o de la pressió de contacte. La realitat és, però, que el coeficient de fricció, μ, varia més o menys amb aquests factors i, concretament, tendeix a disminuir amb la velocitat (Figura 1.1a).

Adherència
Si l'angle que formen la direcció de la força de contacte mútua entre dos cossos i la normal a les superfícies és més petit que un determinat valor límit, anomenat *angle d'adherència*, μ_0 (que, alhora, determina un *con d'adherència*), per més que augmenti el valor de la força, no es produeix lliscament entre les superfícies.
La tangent de l'angle d'adherència pren el nom de *límit d'adherència*, $\mu_0=\tan\rho_0$, paràmetre que, segons el model de Coulomb, també depèn dels materials en contacte i de l'estat de les superfícies, i no de la pressió de contacte. Normalment, el seu valor és lleugerament superior al del coeficient de fricció, μ (Figura 1.1b).

El model de Coulomb per al frec sec es pot resumir en el quadre següent:

Model de Coulomb per al frec sec	
Fricció (o frec dinàmic)	Adherència (o frec estàtic)
$\left|F_{T2/1}\right| = \mu \cdot \left|F_{N2/1}\right|$	$\left|F_{T2/1}\right| \leq \mu_0 \cdot \left|F_{N2/1}\right|$
μ = coeficient de fricció μ és independent de $\left|v_{1/2}\right|$ μ és independent de la pressió ρ = atanμ = angle de fricció $v_{1/2}$ és diferent de zero $F_{T2/1}$ té la direcció de $v_{1/2}$ $F_{T2/1}$ té el sentit contrari de $v_{1/2}$	μ_0 = coeficient d'adherència μ_0 és independent de la pressió ρ_0 = atanμ_0 = angle de con d'adherència $v_{1/2} = 0$ $F_{T2/1}$ té qualsevol direcció $F_{T2/1}$ té qualsevol sentit

Comentaris al model de Coulomb

El model de Coulomb permet tractar els fenòmens del frec sec i de la lubricació límit en les aplicacions d'enginyeria, però és bo assenyalar algunes de les conseqüències i algunes de les limitacions en la seva aplicació:

1) Malgrat la seva simplicitat conceptual, el tractament matemàtic del model de Coulomb (fora d'operacions senzilles) esdevé molt complex a causa de les discontinuïtats. És per això que la teoria de les vibracions prefereix treballar amb forces viscoses, malgrat que siguin molt menys freqüents que el frec sec en les aplicacions reals.

2) Cal fer notar que, d'acord amb el que s'observa a la pràctica, el model de Coulomb dóna lloc a una zona d'indeterminació en la frontera entre la fricció i l'adherència. En efecte: si el moviment es deté a causa d'una lleugera disminució de la força tangencial o d'un augment localitzat del coeficient de fricció, el lliscament no s'inicia de nou fins que la força tangencial no supera el límit d'adherència, que és superior al coeficient de fricció; i, aleshores, el cos s'accelera ja que, un cop iniciat el moviment, el coeficient de fricció és més petit que el límit d'adherència.

3) Tot i que en moltes aplicacions el coeficient de fricció es pot considerar constant, a la pràctica disminueix amb la velocitat de lliscament (Figura 1.1b), variació que origina fenòmens com ara el moviment de stick-slip o les vibracions autoexcitades. Tampoc acostuma a ser del tot cert que el coeficient de fricció i el límit d'adherència siguin independents de la pressió, malgrat que en aquest cas l'efecte pot influir en els dos sentits.

4) A causa de la sensible variació del coeficient de fricció i del límit d'adherència amb l'estat de les superfícies (humitat, pols, òxid, recobriments, traces de lubricants) i de l'existència d'una zona d'indeterminació entre la fricció i l'adherència, es procura que les màquines i els dispositius no treballin mai en la zona fronterera entre a-quests dos fenòmens.

Alguns dels valors dels coeficients de fricció i del límit d'adherència per a diferents apa-riaments de materials ve donada en la següent taula:

Taula 1.1	Caracterització del frec sec per a diverses parelles de materials			
Materials	Coeficient de fricció, μ		Límit d'adherència, μ_0	
	Sec	Lubricat	Sec	Lubricat
Acer/acer	0,20 - 0,70	0,12 - 0,14	0,25 - 0,80	0,15 – 0,20
Acer/fosa grisa	0,15 - 0,40	0,08 - 0,16	0,20 - 0,45	0,12 – 0,20
Acer/bronze	0,18 - 0,35	0,12	0,25 - 0,40	0,15 – 0,20
Acer/grafit	0,10		0,10	
Acer/PTFE	0,04 - 0,20	0,02 - 0,08	0,05 - 0,22	
Acer/PEHD	0,30 - 0,80			
Acer/PA	0,32 - 0,40	0,10		
Acer/fusta	0,30 - 0,50	0,08 - 0,15	0,35 - 0,60	0,10 – 0,15

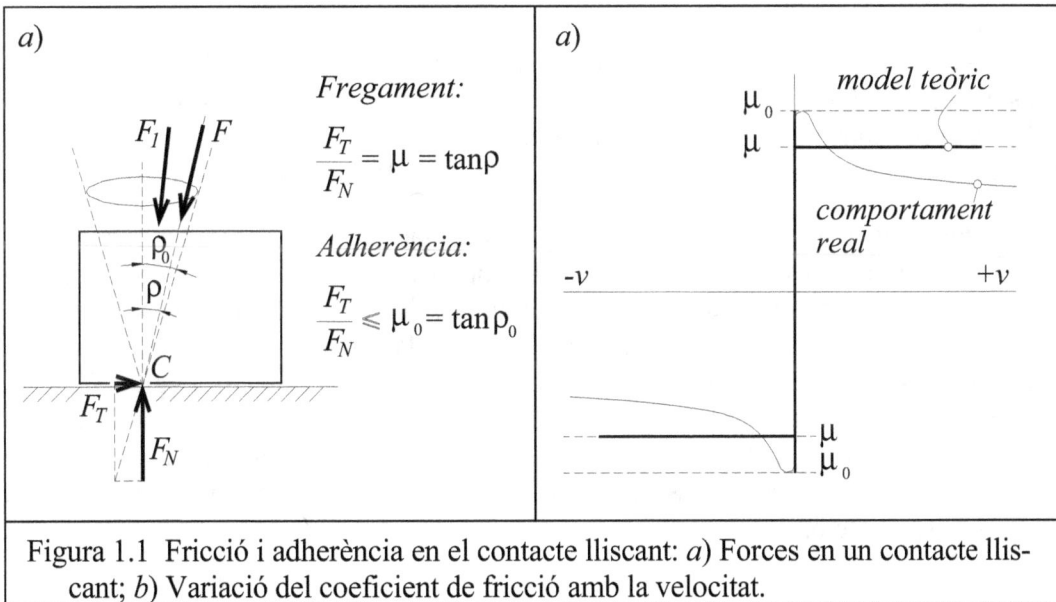

a) Fregament:
$$\frac{F_T}{F_N} = \mu = \tan\rho$$

Adherència:
$$\frac{F_T}{F_N} \leq \mu_0 = \tan\rho_0$$

Figura 1.1 Fricció i adherència en el contacte lliscant: *a)* Forces en un contacte llis-cant; *b)* Variació del coeficient de fricció amb la velocitat.

Dues conseqüències del frec sec

El frec sec en els contactes lliscants proporciona nombrosos fenòmens i aplicacions en les màquines i aparells que s'estudien en els capítols següents. Tanmateix, sembla interessant destacar-ne dues que no estan lligades directament amb cap aplicació sinó que poden aparèixer en múltiples situacions en les màquines:

Fenomen del stick-slip

Quan un contacte lliscant es mou a baixa velocitat i, a més, es dóna una disminució important del coeficient de fricció amb la velocitat i una rigidesa baixa dels elements que l'accionen, es produeix un avanç a petits salts acompanyat d'una forta vibració. Aquest fenomen rep el nom de *stick-slip*, ja que és anàleg al d'un bastó que s'obliga a avançar amb la punta fregant per terra i una inclinació contrària a la de la marxa.

El fenomen de stick-slip es presenta en sistemes de fricció com ara guies-corredores o frontisses i s'elimina o disminueix molt si s'utilitzen materials amb valors del coeficient de fricció i del límit d'adherència molt pròxims o coincidents entre sí (per exemple, contacte lliscant acer/PTFE) o es disminueix la fricció per mitjà d'un contacte rodolant (per exemple, amb rodaments, guies lineals o cargols de boles).

Moviment de deriva

És una altra conseqüència interessant del model de Coulomb per al frec sec en contactes que poden lliscar en totes les direccions del pla tangent. Si les superfícies en contacte llisquen inicialment en una direcció, el *moviment de deriva* es manifesta per mitjà d'una sensible desviació de la direcció del moviment quan s'apliquen petites forces transversals. Té el seu fonament en el fet que la força de fricció té la direcció de la velocitat de lliscament malgrat que el seu mòdul no depengui del valor de la velocitat de lliscament.

Per exemple: quan un automòbil rellisca sobre una placa de gel, la força de fricció (petita) s'equilibra amb la força d'inèrcia de D'Alembert de desacceleració longitudinal del vehicle; si, a més, rep una ràfega de vent lateral, la velocitat de lliscament canvia immediatament de direcció (moviment de deriva) a fi que la força de fricció s'equilibri amb la composició de la força d'inèrcia de D'Alembert de desacceleració longitudinal (ara més petita) i l'empenta lateral del vent. Per això és preferible mantenir l'adherència en la frenada d'un vehicle (objectiu dels frens ABS), encara que sigui a costa de perdre part de la seva eficàcia ja que, en cas de frenar relliscant, qualsevol pertorbació fa perdre el control de la direcció.

Exemple 1.1: Destapar una ampolla de cava

Enunciat

Quan es destapa una ampolla de cava, instintivament es fa girar el tap perquè vagi sortint empès per la pressió del gas. Aquest és un moviment clàssic de deriva, ja que combina el moviment de lliscament per rotació amb el lliscament de sortida del tap. Sabent que el tap està comprimit dintre del coll de l'ampolla amb una pressió lateral de $\sigma_S = 0,6$ MPa que actua sobre una superfície cilíndrica de diàmetre, $d = 20$ mm, i de longitud inicial, $x_0 = 25$ mm, que la pressió del gas a l'interior de l'ampolla és de $p_G = 4$ bar, i que el coeficient de fricció i límit d'adherència entre suro i vidre són, $\mu = 0,5$ i $\mu_0 = 0,55$ respectivament, es demana: a) Parell necessari per a fer girar el tap en el moment inicial, M_T; b) Proporció del moviment de rotació i de sortida del tap en el moment inicial; c) Distància, x, a la qual la pressió del gas és suficient per fer sortir despedit el tap sense necessitat de fer-lo girar més.

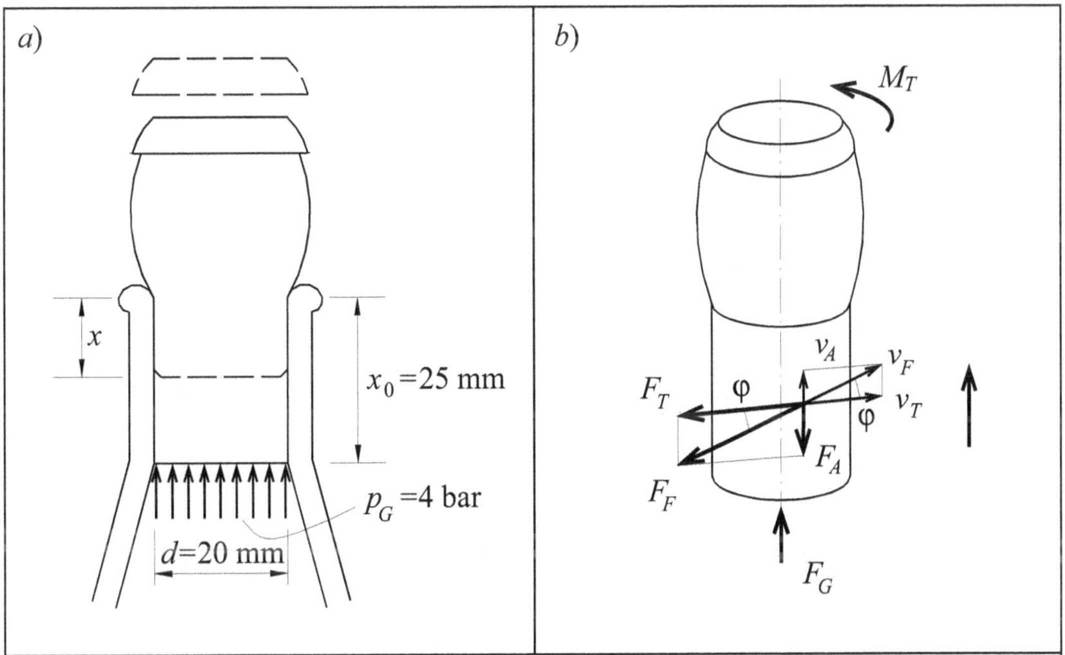

Figura 1.2 Moviment de deriva en destapar una ampolla de cava: a) Mesures i paràmetres del sistema; b) Relacions entre les forces i les velocitats.

Resposta

Malgrat que és una operació relativament quotidiana, l'anàlisi del seu funcionament és relativament complex:

a) Abans d'iniciar-se el destapament, la força axial del gas sobre el tap, F_A, determinada per la secció del coll d'ampolla i la pressió del gas, p_G=0,4 MPa, s'equilibra amb la força d'adherència entre tap i coll de l'ampolla, menor que la força d'adherència límit, F_{F0} (límit d'adherència μ_0=0,55):

$$F_G = \frac{\pi}{4} \cdot d^2 \cdot p_G = 125,7 \text{ N} \quad \leq \quad F_{F0} = \mu_0 \cdot x_0 \cdot (\pi \cdot d) \cdot \sigma_S = 518,4 \text{ N} \tag{1}$$

b) Quan s'inicia el gir del tap (es perd l'adherència), es pot descomposar la força de fricció de l'ampolla sobre el tap, F_F, en un component axial, F_A, que equilibra la força del gas, F_G, i un altre tangencial repartit en tota la perifèria, F_T, que equilibra el parell de la mà sobre el tap, M_T (Figura 1.2b). Coneixent el coeficient de fricció entre suro i vidre (μ=0,5) i la pressió mútua entre tap i ampolla (σ_S=0,6 MPa), seguint el model de Coulomb, es determina el valor de la força de fricció, F_F. Atès que el component axial és conegut (F_A=F_G=125,7 N), es pot calcular l'altre component, F_T, relacionat amb el parell sobre el tap, M_T (les expressions són funció de la longitud de contacte, x, del tap dintre del coll):

$$F_A = F_G = 125,7 \text{ N} \qquad F_F(x) = \mu \cdot x_0 \cdot (\pi \cdot d) \cdot \sigma_S \cdot \frac{x}{x_0} = 471,3 \cdot \frac{x}{x_o} \text{ N}$$

$$\sin\varphi = \frac{F_A}{F_T(x)} = \frac{125,7}{471,3} \cdot \frac{x_0}{x} \qquad \varphi = 15,46° \qquad (x = x_0) \tag{2}$$

$$M_T = F_T(x) \cdot \frac{d}{2} = F_F(x) \cdot \cos\varphi \cdot \frac{d}{2} \text{ N·m} \qquad M_T = 4,54 \text{ N·m } (x = x_0)$$

La velocitat de lliscament del tap respecte el coll de l'ampolla, v_F, té la mateixa direcció que la força de fricció, F_F, però sentit contrari. Quan es destapa el tap (i, per tant, també a l'inici d'aquesta acció), la relació entre la velocitat axial, v_A, i la velocitat tangencial, v_T, és la mateixa que la dels components de la força de fricció:

$$\frac{v_A}{v_T} = \frac{v_A}{\omega \cdot (d/2)} = \frac{F_A}{F_T} = \tan\varphi = 0,276 \qquad \frac{v_A}{\omega} = 0,276 \cdot \frac{d}{2} = 2,76 \text{ mm/rad} \tag{3}$$

O sigui que, en el moment inicial, la força del gas empeny el tap enfora amb un moviment de 2,76 mm per cada radiant (57,3°) que s'obliga a fer girar el tap.

c) A mesura que el tap es va destapant, la longitud x que suporta la fricció va disminuint fins que el tap surt despedit quan la força de fricció, $F_T(x)$, s'iguala a la força del gas, F_A. Aquesta condició proporciona la distància mínim, x:

$$F_A = 125,7 \text{ N} = F_F(x) = 471,3 \cdot \frac{x}{x_0} \text{ N} \quad \Rightarrow \quad x = 6,67 \text{ mm} \tag{4}$$

Contacte rodolant

Les resistències passives en el contacte rodolant (o també *resistència al rodolament*) es modelitzen de la manera següent:

Zona de contacte
Teòricament, dos elements rodolants tenen un punt o una línia de contacte que, a causa de la deformació, s'extén a una petita zona de contacte al voltant d'aquest punt o línia. El límit d'adherència ha de ser suficient per evitar el lliscament en el contacte i assegurar així el rodolament d'un cos sobre l'altre amb un eix de rotació instantani tangencial que passa pel punt de contacte o coincideix amb la línia de contacte.

Resistència (dinàmica) al rodolament
El conjunt de fenòmens que tenen lloc entre dos membres en un contacte rodolant té per efecte un petit desplaçament de la força normal, F_N, respecte al punt de contacte teòric en el sentit del moviment, que rep el nom de *coeficient de rodolament*, δ_R (té magnitud de longitud i permet calcular el moment de rodolament, $M_R = F_N \cdot \delta_R$; Figura 1.3a), i l'aparició d'una força tangencial de rodolament, F_{TR} (molt menor que la de lliscament, F_T) necessària per a establir l'equilibri. Quan un element rodolant es mou entre dues superfícies (bola, corró), es pot definir un *coeficient de fricció de rodolament*, μ_R, que s'expressa com la relació entre la força tangencial aplicada sobre el membre mòbil i la força normal: $\mu_R = F_{TR}/F_N = 2 \cdot \delta_R/d = \delta_R/r$ (Figura 1.3b).

Resistència estàtica al rodolament
En el rodolament també existeix una força tangencial mínima per sota de la qual el moviment mutu entre els dos cossos no s'inicia (de forma anàloga a l'adherència en el contacte lliscant), però el valor del coeficient de rodolament estàtic és molt proper al valor dinàmic (condició molt favorable per evitar el fenomen de stick-slip), i la literatura tècnica no acostuma a donar valors diferenciats.

Alguns dels valors dels coeficients de rodolament per a diferents parelles de materials ve donada en la següent taula:

Taula 1.2	Coeficients de rodolament
Combinació de materials: element rodolant/pista	δ_R (en mm)
Bola (o corró)/acer (anell rodament)	0,005÷0,010
Roda acer/acer (o fosa)	0,500
Roda vehicle/carretera asfalt llis	2,500
Roda vehicle/camí de terra bo	11,500
Roda vehicle/sorra	50,000

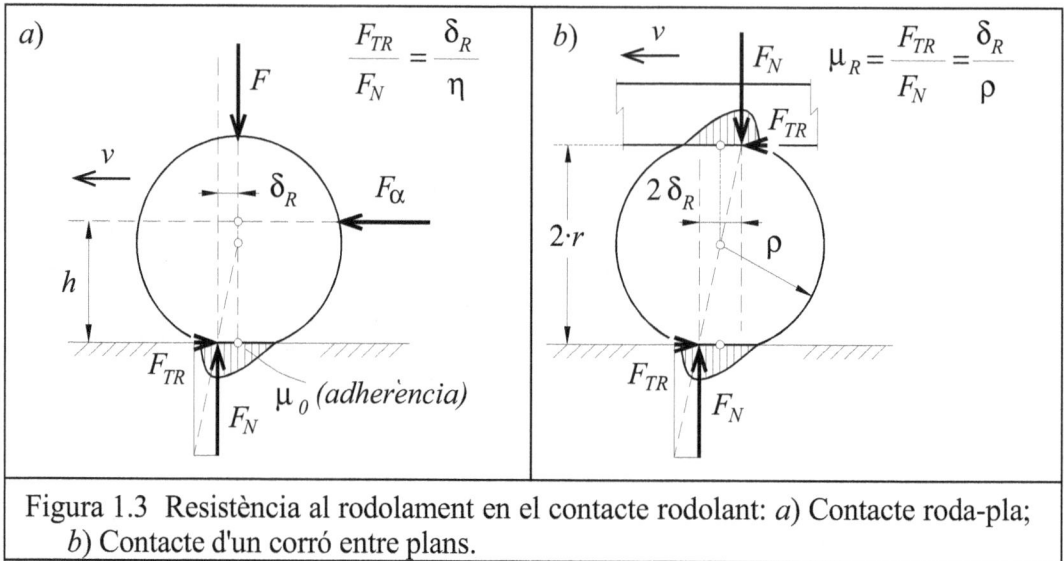

Figura 1.3 Resistència al rodolament en el contacte rodolant: *a*) Contacte roda-pla; *b*) Contacte d'un corró entre plans.

Comentaris al model de resistència al rodolament

La resistència al rodolament és un fenomen molt complex i difícil de formular, relacionat amb la histèresi del material i l'existència de microlliscaments en la zona de contacte. Atès que l'enginyeria cerca en el possible models simples, a la pràctica s'assumeix que el coeficient de rodolament, δ_R (relació entre el moment de rodolament, M_R, i la força normal, F_N), inclou les variacions de diversos efectes:

1) Per a la major part de les aplicacions (rodaments, pneumàtics d'automòbil), es considera que el coeficient de rodolament, δ_R, no depèn de la força normal, F_N,

2) Malgrat que el coeficient de rodolament, δ_R, varia lleugerament amb la velocitat, normalment també es considera constant.

3) El coeficient de rodolament, δ_R, creix de forma molt sensible amb la disminució del mòdul d'elasticitat. Aquesta variació, junt amb la naturalesa de les superfícies, s'inclou en el valor que es dóna del coeficient de rodolament en funció dels materials.

4) El rodolament pressuposa l'existència d'adherència. En el *rodolament lliure* (sense parells aplicats sobre els elements rodolants, com ara els rodaments) la resistència al rodolament és molt inferior a l'adherència però, en el *rodolament amb tracció* (s'exerceixen parells sobre els elements rodolants i apareixen forces tangencials en les zones de contacte, com ara en una roda d'automòbil durant la tracció o la frenada, o en les rodes de frec), el límit d'adherència pot ser superat.

5) En els contactes en què es dóna simultàniament el lliscament i el rodolament (engranatges, lleves), els efectes del frec són molt superiors als del rodolament i, per tant, es consideren tan sols els primers.

Una conseqüència del model de resistència al rodolament

En el model utilitzat, el parell necessari per originar i mantenir el rodolament entre dues superfícies, M_R, és proporcional a la força normal, F_N, essent el factor de proporcionalitat el coeficient de rodolament, δ_R, considerat constant ($M_R = F_N \cdot \delta_R$).

Una conseqüència interessant d'aquest model és que la força tangencial necessària per a produir el moviment, $F_T = M_R/(d/2) = F_N \cdot \delta_R/(d/2)$, disminueix amb el diàmetre de l'element rodolant. Així, doncs, per a les mateixes condicions de materials i estats de les superfícies, les rodes de diàmetres més grans (per exemple, les rodes de carro) ofereixen menys resistència que les diàmetres més petits.

Comparació dels dos tipus de contacte

Avantatges del contacte lliscant

1*a*) La materialització del contacte lliscant amb frec sec acostuma a ser de construcció més simple i de cost econòmic més baix.

1*b*) Segons la combinació usada de materials, el contacte lliscant pot funcionar sense lubricació. En tot cas, acostuma a tolerar millor una lubricació deficient.

1*a*) Tolera millor les sotragades, els cops i les sobrecàrregues.

1*b*) Per a dimensions equivalents, ofereix una rigidesa superior.

Avantatges del contacte rodolant.

2*a*) Disminueix sensiblement les forces de fricció: per tant, millora el rendiment de les màquines alhora que té limitacions tèrmiques menors a causa de la calor dissipada.

2*b*) El coeficient de rodolament és menys variable que el de fricció i és més fàcil de predir-ne el comportament (evita el fenomen de stick-slip).

2*c*) El mercat ofereix una gran varietat de components estandarditzats, fiables i precisos, que faciliten alhora les tasques de disseny, fabricació i manteniment.

1.3   Dissipació i rendiment

Forces passives i rendiment

Les forces passives dissipen una part de l'energia mecànica en forma de calor, fet que té dues conseqüències importants en les màquines:

Disminució del rendiment

El concepte de rendiment es relaciona amb l'eficàcia de les màquines per a realitzar la seva funció, i la forma més habitual d'avaluar-lo és a través de la part de recursos energètics (o de potència) disponibles que es transformen en útils. Les forces passives, en desviar de la funció una part de l'energia (o potència) disponible, són una de les principals causes de disminució del rendiment. En les màquines que tenen per objecte transformar una energia d'entrada en una de sortida (motors i generadors, mecanismes i transmissions), el *rendiment* es defineix com la fracció de l'energia (o potència) d'entrada que és disponible a la sortida (destinada a la funció).

Escalfament de les màquines

L'energia (o potència) dissipada per les forces passives es transforma en calor i augmenta la temperatura en els òrgans de les màquines. Això dóna lloc a diversos efectes perjudicials, com ara el deteriorament de la lubricació en els enllaços, la disminució de característiques mecàniques de les peces, la seva deformació o, en les màquines elèctriques, la destrucció dels vernissos aïllants dels bobinats. L'energia (o potència) dissipada s'avalua per mitjà del *coeficient de pèrdues*, o fracció de la potència disponible que es dissipa.

Definició de rendiment i de coeficient de pèrdues

El *rendiment*, η, es defineix com el quocient entre la *potència receptora*, P_r (la rebuda pel *receptor*), i la *potència motora*, P_m (la proporcionada pel *motor*), mentre que, el *coeficient de pèrdues*, ψ, es defineix com el quocient entre la *potència dissipada* pel sistema, P_{dis}, i la potència proporcionada pel *motor*. El rendiment i el coeficient de pèrdues per definició sumen la unitat. En absència de forces passives, el rendiment pren el valor unitat (seguint el principi de les potències virtuals) i el coeficient de pèrdues pren el valor zero mentre que, en presència d'aquestes forces, el rendiment disminueix per sota d'aquest valor. A continuació s'expressen les fórmules del rendiment i dels coeficient de pèrdues:

$$\eta = \frac{P_r}{P_m} \qquad \psi = \frac{P_m - P_r}{P_m} = \frac{P_{dis}}{P_m} \qquad \eta + \psi = 1 \qquad (5)$$

Cal parar atenció en les conseqüències diferents del rendiment i del coeficient de pèrdues en les màquines. Si una màquina té un rendiment del 99% i una altra del 95%, en general, no presenten diferències determinants en relació a la funció (la màquina receptora del segon sistema disposa d'un 4% menys de potència que la primera). Però si aquesta mateixa diferència es mira des del punt de vista de la potència dissipada, els òrgans de la transmissió del segon sistema reben una potència dissipada 5 vegades superior, fet que pot conduir al seu deteriorament.

Rendiment directe i rendiment invers

En una cadena cinemàtica, es defineix com a *força motora* aquella el valor mitjà de la qual té el mateix sentit que la velocitat de l'arbre sobre la qual actua i, com a *força receptora*, aquella el valor mitjà de la qual té sentit contrari a la velocitat de l'arbre sobre la qual actua. S'anomena *motor* la màquina que exerceix el parell motor i, *receptor*, la màquina o aparell que exerceix el parell receptor.

L'expressió del *rendiment* ha de partir de la determinació prèvia del *membre motor* i del *membre receptor* de la cadena cinemàtica (en definitiva, del sentit del flux de potència). En algunes aplicacions, aquest flux pot canviar de sentit en diferents règims de funcionament, com ara la transmissió d'un automòbil que, normalment, transmet la potència del motor a les rodes però que, en certes ocasions (una frenada o una baixada prolongada), el motor actua com a fre i el flux de potència s'inverteix. Per tant, es pot distingir entre el rendiment directe, η_{dir}, quan el flux de potència va del *membre motor* habitual al *membre receptor* habitual i, el rendiment invers, η_{inv}, quan el flux de potència pren el sentit contrari.

Rendiment en sistemes estàtics

Atès que les relacions cinemàtiques no depenen de les forces passives, el rendiment d'una màquina també pot avaluar-se a partir del quocient entre la força (o parell) transmès en presència de forces passives, i la força (o parell) que es transmetria sense la seva presència. Per tant, en el límit, també es pot parlar de rendiment en una cadena cinemàtica estàtica, o quasi estàtica (per exemple, unes balances), on es transmeten forces o parells, malgrat que no es transmeti potència.

Aquest rendiment, expressat en un sistema amb eixos d'entrada i sortida lineals, és:

$$\eta = \frac{P_r}{P_m} = \frac{F_r \cdot v_r}{F_m \cdot v_m} = \frac{F_r}{F_m \cdot i} = \frac{F_r}{F_{r(\eta=1)}} \qquad \left(i = \frac{v_m}{v_r}\right) \qquad (6)$$

Rendiment de cadenes cinemàtiques complexes

El flux de potència de les màquines pot seguir camins diversos i distribuir-se de formes diferents, responent a les estructures i disposicions dels mecanismes i transmissions de les màquines. Cal destacar les dues configuracions extremes següents:

Cadena cinemàtica en sèrie

Els mecanismes i/o transmissions de la cadena cinemàtica estan disposats un a continuació de l'altre (la sortida de l'anterior és l'entrada del següent), de manera que el flux d'energia (o de potència) passa successivament per cada un d'ells, minvat per les pèrdues originades pels mecanismes o transmissions anteriors. A continuació es dóna el rendiment total del sistema, η_T, a partir dels rendiments dels mecanismes i/o de les transmissions de cada una de les etapes:

$$P_1 = \eta_1 \cdot P_m \qquad P_2 = \eta_2 \cdot P_1 \quad (\Lambda) \qquad P_{n-1} = \eta_{n-1} \cdot P_{n-2} \qquad P_r = \eta_n \cdot P_{n-1}$$

$$P_r = \eta_1 \cdot \eta_2 \Lambda \, \eta_n \cdot P_m = \left(\prod_{i=1}^{n} \eta_i \right) \cdot P_m \qquad \eta_T = \frac{P_r}{P_m} = \prod_{i=1}^{n} \eta_i \tag{7}$$

En cas d'una cadena cinemàtica en sèrie molt llarga, el rendiment total pot resultar molt baix malgrat que els rendiments de cada un dels mecanismes i/o de les transmissions no ho sigui. Per exemple, un camí de 30 corrons (31 eixos comptant el del motor) enllaçats entre sí per 30 transmissions de cadena en sèrie (Figura 1.4a), cada una d'elles de rendiment $\eta = 0,95$ i relacions de transmissió de cada una de les etapes de cadena de $i_i = 1$, té un rendiment total entre el darrer eix (n) i l'eix motor (1) de: $\eta_T = P_m/P_m = M_m/M_m = = \eta^n = 0,95^{30} = 0,215$.

Cadena cinemàtica en paral·lel

Els mecanismes i/o les transmissions de la cadena cinemàtica connecten l'eix de motor directament amb cada un dels eixos receptors i la potència del motor es reparteix en potències parcials per a cada un dels receptors, afectades pel rendiment del corresponent mecanisme i/o transmissió (fora de la primera etapa, Figura 1.4d). A continuació es dóna el rendiment total del sistema, η_T, a partir dels rendiments dels mecanismes i/o transmissions:

$$P_{r1} = \eta_1 \cdot P_{m1} \qquad P_{r2} = \eta_2 \cdot P_{m1} \quad (\Lambda) \qquad P_{rn} = \eta_n \cdot P_{mn}$$

$$P_m = \sum_{i=1}^{n} P_{mi} \qquad P_r = \sum_{i=1}^{n} P_{ri} = \sum_{i=1}^{n} \eta_i \cdot P_{mi} \qquad \eta_T = \frac{P_r}{P_m} = \frac{\displaystyle\sum_{i=1}^{n} \eta_i \cdot P_{mi}}{\displaystyle\sum_{i=1}^{n} P_{mi}} \tag{8}$$

El rendiment total d'una cadena cinemàtica en paral·lel és semblant (mitjana ponderada) als rendiments dels diferents mecanismes i/o transmissions del sistema.

Cadena cinemàtica mixta

Sovint la cadena cinemàtica que enllaça el motor amb els receptors és mixta, o sigui, part en sèrie i part en paral·lel (Figures 1.4c i 1.4d). Per exemple: la potència del motor d'un vehicle es reparteix, entre la que va a les dues rodes tractores a través de l'embragatge, el canvi i el diferencial (que és el divisor de potència entre les dues rodes) i la que va a l'alternador a través d'una corretja trapezial, o als arbres de lleves a través d'una corretja dentada.

El rendiment de la cadena cinemàtica de cada un dels receptors i el rendiment total del sistema s'expressen de la forma següent:

$$\eta_1 = \frac{P_{r1}}{P_{m1}} = \prod_{j=1}^{m} \eta_{1j} \qquad \eta_2 = \frac{P_{r2}}{P_{m2}} = \prod_{j=1}^{m} \eta_{2j} \qquad (\Lambda) \qquad \eta_i = \frac{P_{ri}}{P_{mi}} = \prod_{j=1}^{m} \eta_{ij}$$

$$P_m = \sum_{i=1}^{n} P_{mi} \qquad P_r = \sum_{i=1}^{n} P_{ri} = \sum_{i=1}^{n} \eta_i \cdot P_{mi} \qquad \eta_T = \frac{P_r}{P_m} = \frac{\sum\limits_{i=1}^{n} \eta_i \cdot P_{mi}}{\sum\limits_{i=1}^{n} P_{mi}} = \frac{\sum\limits_{i=1}^{n} \left(\prod\limits_{j=1}^{m} \eta_{ij} \right) \cdot P_{mi}}{P_m} \qquad (9)$$

En les cadenes cinemàtiques en paral·lel i mixtes, el repartiment de la potència total del motor entre els diferents receptors no és funció tan sols de les relacions de transmissió i dels rendiments, sinó també de les exigències de potència dels diferents receptors.

Exemple 1.2: Rendiment d'un camí de corrons

Enunciat

Es vol estudiar el rendiment total de la cadena cinemàtica d'un camí de 30 corrons, sobre cada un dels quals hi ha aplicat el mateix parell resistent de M_{rc}, per a les quatre configuracions següents:

a) Camí de 30 corrons amb transmissions en sèrie, o sigui, amb anells de cadena entre cada dos corrons successius (Figura 1.4a)

b) Camí de 30 corrons amb transmissions en paral·lel, o sigui, amb una cadena tangencial a totes les rodes lligades als corrons (Figura 1.4b)

c) 2 camins de corrons en paral·lel amb transmissions en sèrie (Figura 1.4c)

d) 2 camins de corrons en paral·lel amb transmissions en paral·lel (Figura 1.4d)

En tots els casos, la cadena d'accionament s'inicia amb un motor elèctric, un reductor de rendiment $\eta_{red} = 0,85$, i una primera transmissió per un anell de cadena (per tant, en sèrie amb les restants) fins al primer corró. Es demana el rendiment de cada una de les quatre solucions, partint dels valors següents de rendiment: transmissió d'un anell de cadena: $\eta_{ac} = 0,95$; transmissió de cadena tangencial de n corrons: $\eta_{ct} = 0,90$.

Resposta

a) *Camí de 30 corrons amb transmissions en sèrie*

Pot ser considerada com una cadena cinemàtica mixta de $n=30$ corrons en paral·lel enllaçats amb el motor per un nombre variable, i, de transmissions en sèrie (i és el lloc que ocupa el corró en el camí). El rendiment és el quocient de la potència rebuda per cada corró ($P_{rc}=P_r/n$) i la potència necessària del motor:

$$P_m = \frac{1}{\eta_{red}} \cdot \sum_{i=1}^{n} \frac{P_{rc}}{\eta_{ac}^i} = \frac{P_{rc}}{\eta_{red}} \cdot \sum_{i=1}^{n} \frac{1}{\eta_{ac}^i} \qquad \eta_T = \frac{n \cdot P_{rc}}{P_m} = \frac{n}{\dfrac{1}{\eta_{red}} \cdot \sum_{i=1}^{n} \dfrac{1}{\eta_{ac}^i}}$$

$$\eta_T = \frac{30}{\dfrac{1}{0,85} \cdot \left(\dfrac{1}{0,95} + \dfrac{1}{0,95^2} + \cdots + \dfrac{1}{0,95^{30}} \right)} = \frac{30}{1,176 \cdot 73,180} = 0,349 \tag{10}$$

És un rendiment molt baix que aprofita poc més de 1/3 de la potència del motor.

b) *Camí de 30 corrons amb transmissió en paral·lel*

Pot ser considerada una cadena cinemàtica paral·lela, ja que cada corró pren una part de la potència de la cadena tangencial. El rendiment és:

$$P_m = \frac{1}{\eta_{red} \cdot \eta_{ac}} \cdot \left(P_{r1} + \sum_{i=2}^{n} \frac{P_{ri}}{\eta_{ct}} \right) = \frac{P_{rc}}{\eta_{red} \cdot \eta_{ac}} \cdot \left(1 + \frac{n-1}{\eta_{ct}} \right) \qquad (P_{ri} = P_{rc})$$

$$\eta_T = \frac{n \cdot P_{rc}}{P_m} = \frac{n \cdot \eta_{red} \cdot \eta_{ac}}{1 + \dfrac{n-1}{\eta_{ct}}} = \frac{30 \cdot 0,85 \cdot 0,95}{1 + \dfrac{29}{0,90}} = 0,729 \tag{11}$$

El rendiment és molt millor, ja que aprofita més de 2/3 de la potència del motor.

c) *2 camins de 15 corrons en paral·lel, amb transmissions en sèrie*

Cas anàleg al primer, però amb una cadena mixta formada per dues sèries de 15 corrons en paral·lel enllaçats amb el motor i transmissions en sèrie (i, lloc que ocupa el corró en el camí). El rendiment del conjunt és: $\eta_T = 0,550$

d) *2 camins de 15 corrons en paral·lel, amb transmissions en paral·lel*

Cas anàleg al segon, però amb dues cadenes cinemàtiques en paral·lel de 15 corrons, disposades en paral·lel. El rendiment dels conjunt és: $\eta_T = 0,732$

Resumint: les cadenes cinemàtiques en paral·lel tenen millor rendiment que les cadenes cinemàtiques en sèrie, i les cadenes curtes millor rendiment que les cadenes llargues.

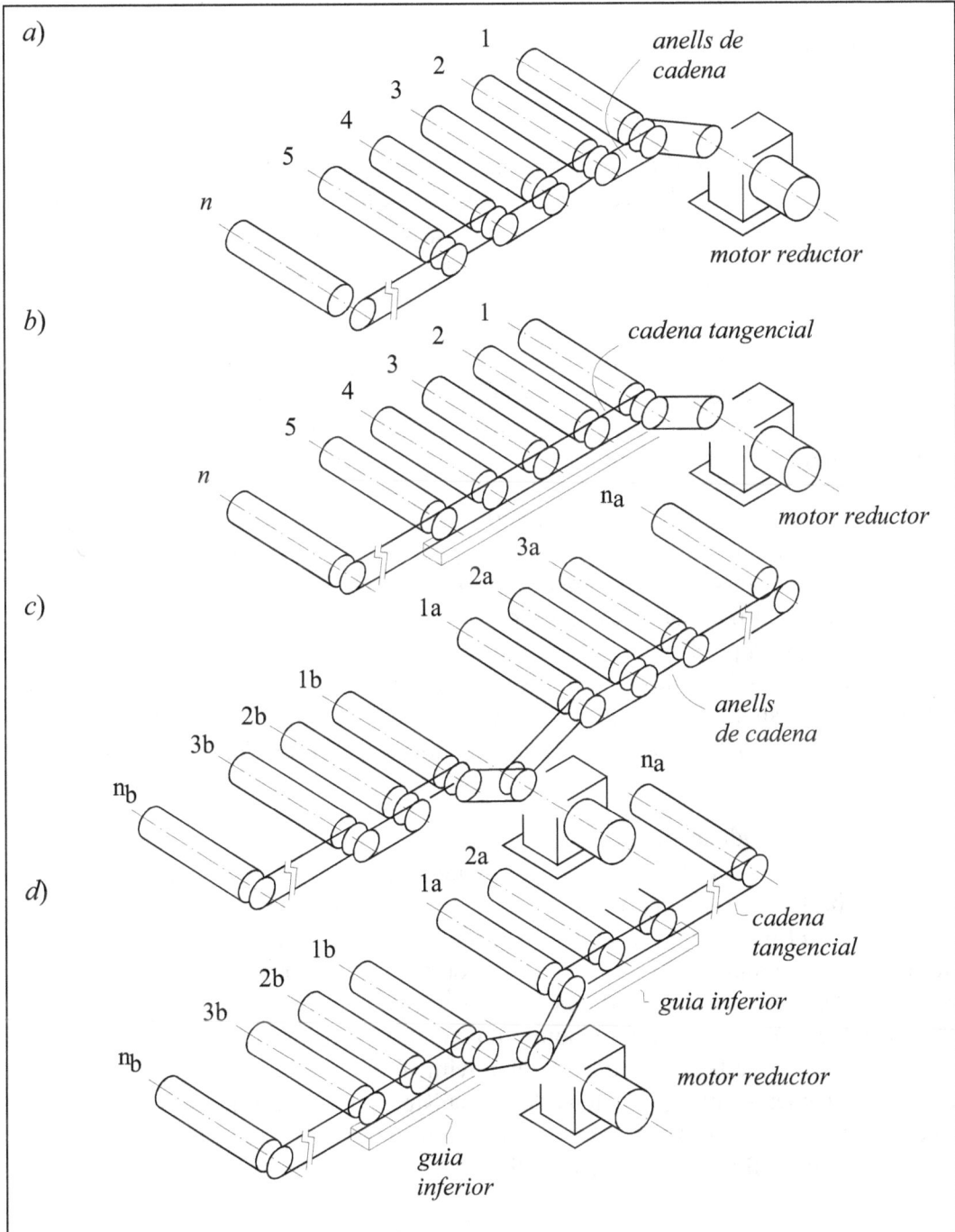

Figura 1.4 Diferents disposicions d'un camí de corrons i rendiment: *a*) Camí de corrons amb transmissions en sèrie; *b*) Camí de corrons amb transmissions en paral·lel; *c*) Dos camins de corrons en paral·lel amb transmissions en sèrie; *d*) Dos camins de corrons en paral·lel amb transmissions en paral·lel.

1.4 El fenomen de l'autoretenció

Introducció

L'adherència permet absorbir forces tangencials entre les superfícies de dos membres en contacte però, superat un llindar de força tangencial, les dues superfícies inicien el lliscament mutu. Aquest comportament es dóna quan les forces tangencials varien amb independència de les forces normals. Per exemple, en un automòbil en moviment sobre un pla horitzontal, la força normal entre les rodes i el terra depèn fonamentalment del pes de l'automòbil, mentre que les forces tangencials són funció de les forces d'inèrcia de D'Alembert i depenen de les acceleracions en les engegades, en les frenades i en els giravolts. Si les acceleracions són molt importants, pot donar-se el cas que el pes del vehicle no pugui assegurar una força normal suficient entre les rodes i el terra per mantenir l'adherència.

Hi ha altres aplicacions en què la força normal i la força tangencial en un contacte entre membres no són independents entre sí, sinó que presenten una relació imposada per la geometria del mecanisme de manera que la força tangencial creix en la mateixa proporció que la força normal. Quan es dóna aquesta situació i la direcció de la força (normal + tangencial) passa per l'interior del con d'adherència en el contacte, per més que augmenti el valor de la força, les superfícies no llisquen i es produeix el fenomen de l'*autoretenció* (també anomenat de *falcament*). En aquestes situacions, un augment desmesurat de la força pot dur a la destrucció del mecanisme sense que s'iniciï el moviment entre les parts.

Així, doncs, la condició perquè en un mecanisme es presenti el fenomen de l'autoretenció és que, en una de les etapes de la cadena cinemàtica, les forces es transmetin per l'interior dels cons d'adherència en els punts de contacte. O, vist des d'un altre punt de vista, que el rendiment de la cadena cinemàtica esdevingui matemàticament nul o negatiu. Aquest enunciat fa veure que el fenomen de l'autoretenció s'ha de relacionar amb un determinat sentit del moviment del mecanisme i per a un determinat sentit del flux de potència entre un membre motor i un membre receptor, però pot desaparèixer en invertir-se un d'aquests dos sentits (el del moviment o el del flux de potència). Això pot donar lloc a interessants aplicacions de mecanismes amb moviments en un sol sentit (rodes lliures) o de mecanismes irreversibles (transmissions de cargol-femella, amb autoretenció quan el flux de potència (o la força) va de la femella vers el cargol).

Aplicacions

Existeixen situacions de la vida quotidiana i nombroses aplicacions tècniques en què el fenomen de l'autoretenció és utilitzat expressament, com per exemple:

1*a*) *Nusos*. L'entrellaçament de fils, cordills o cordes per formar els nusos dóna lloc al fenomen d'autoretenció que impedeix que es desfacin simplement estirant dels extrems (els nusos mal fets, o amb la presència de fils amb un coeficient d'adherència excessivament baix, es poden escórrer).

1*b*) *Dispositius de fixació*. Gràcies a l'autoretenció que es produeix en els filets de la rosca d'un mecanisme de cargol-femella, aquests elements asseguren la unió de les màquines (la presència de vibracions pot produir un afluixament espontani de les unions cargolades, fruit d'un mecanisme més complex que no s'estudia aquí).

1*c*) *Mecanismes de roda lliure*. L'establiment de condicions d'autoretenció en un sol sentit del moviment pot permetre dissenyar mecanismes que, en un sentit, arrosseguen una càrrega mentre que, en el sentit contrari, rellisquen (el pinyó lliure d'una bicicleta en pot ser una aplicació).

1*d*) *Mecanismes de seguretat*. Com s'ha comentat, hi ha mecanismes en què l'autoretenció es dóna tan sols en un dels sentits del flux de potència. Això permet dissenyar mecanismes de seguretat de forma que, quan cessa l'acció motora, queda bloquejat o immobilitzat l'element receptor (per exemple, una transmissió de vis sense fi per aixecar una càrrega a través d'un tambor i un cable, reté la càrrega quan cessa l'acció sobre el vis sense fi).

En d'altres aplicacions, per contra, convé controlar adequadament els paràmetres que incideixen en l'autoretenció a fi d'evitar aquest que aquest fenomen esdevingui contraproduent, com per exemple:

2*a*) *Frens i embragatges*. Si es produeix autoretenció, la maniobra d'aturada o de connexió és d'una gran brusquedat, i les inèrcies associades a les parts mòbils poden porta a la destrucció del mecanisme.

2*b*) *Guies*. Convé evitar l'autoretenció en membres guiats per guies de fricció com ara s calaixos amples i curts o tecles d'ordinador amb guies molt curtes, que poden originar autoretenció quan se'ls apliquen forces no ben centrades.

Exemple 1.3: Comparació entre el tancament de diferents calaixos

Enunciat

Es compara la distribució de forces i l'eventual aparició del fenomen de l'autoretenció en el tancament de dos calaixos de diferents proporcions i disposicions: *a*) Tancament d'un calaix llarg i prim, entreobert, suportat totalment per la seva base (Figura 1.5a); *b*) Tancament d'un calaix ample i poc profund (d'una calaixera), entreobert, quan s'empeny per una sola de les nanses (Figura 1.5b).

Resposta

a) En el primer cas, atès que el calaix està suportat íntegrament per la superfície inferior, les forces de fricció són causades només pel seu pes. La força de tancament, F (es considera centrada en l'amplada), que venç les forces de fricció, és independent del pes i, per tant, un augment del seu valor sempre aconsegueix de fer lliscar el calaix per tancar-lo.

b) En el segon cas, la força de tancament descentrada lateralment entregira el calaix i indueix unes forces de contacte en els punts C i D que poden produir el fenomen d'autoretenció (Secció 2.3), ja que augmenten amb la força de tancament.

Si la força de tancament està poc descentrada i no intersecta el segment CW' (F_1, en la Figura 1.5b), el calaix llisca ja que s'estableix un equilibri entre la força de tancament, F_1, la força d'inèrcia de d'Alembert (F_i, aplicada al centre d'inèrcia i de sentit contrari a l'acceleració; no representada) i, la suma de reaccions a C i D (R_{C+D}, que passa pel punt d'autoretenció U', tampoc representada), també paral·lela i de sentit contrari a F_1.

Si la força de tancament està més descentrada i intersecta el segment CW' (força F_2, en la Figura 1.5b), es pot descomposar en qualsevol punt del segment EF directament segons dues direccions que passen per l'interior dels respectius cons d'adherència (amb el sentits de les forces de fricció contraris al de la força F_2) i, per tant, es produeix autoretenció.

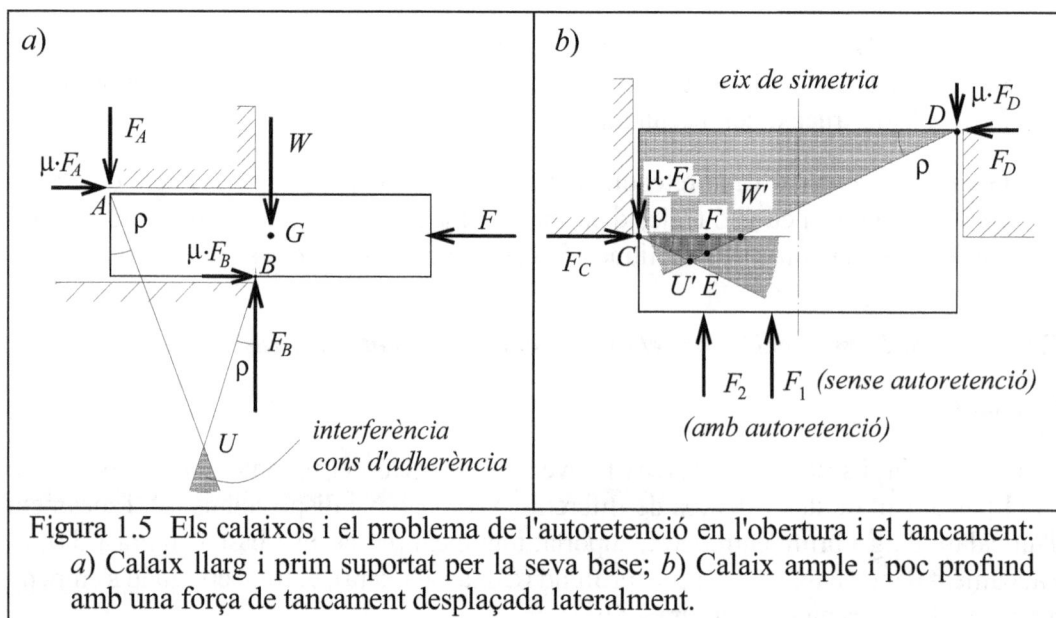

Figura 1.5 Els calaixos i el problema de l'autoretenció en l'obertura i el tancament: *a)* Calaix llarg i prim suportat per la seva base; *b)* Calaix ample i poc profund amb una força de tancament desplaçada lateralment.

1.5   Mecanismes basats en el frec

El frec i les seves manifestacions (dissipació d'energia, autoretenció, moviment de deriva) poden ser utilitzats de forma positiva en algunes aplicacions, o ser minimitzats, en d'altres. Els mecanismes basats en el frec (o *mecanismes de frec*) són aquells que utilitzen alguna de les seves manifestacions per a obtenir una determinada funció.

Els principals mecanismes de frec són: els frens, els embragatges, els limitadors de parell, determinades rodes lliures i mecanismes de seguretat, les rodes de frec, i les transmissions per roda-terra o roda-carril, per corretja-politges, per banda-corrons o per cable-tambor. Tot seguit es presenten els principals tipus i característiques de mecanismes de frec.

Frens de fricció

Els *frens* són dispositius que permeten connectar un membre fix i un membre mòbil d'una màquina de manera que s'estableixen unes forces d'acció-reacció que tendeixen a oposar-se al moviment d'aquest segon membre. Els més habituals en les màquines són els *frens de fricció*, però també n'existeixen que es basen en altres principis de funcionament: *frens electromagnètics* (màquines elèctriques que funcionen com a generador), *frens aerodinàmics* (els aerofrens dels avions, o les turbines quan funcionen en sentit invers). Segons els principals efectes, poden distingir-se diversos tipus de frens:

a) *Frens de retenció*. La seva funció és evitar que un membre mòbil es posi en moviment. Atès que no hi ha moviment relatiu i no es dissipa potència, l'atenció se centra en les forces de frenada. Per exemple: Fre de mà d'un automòbil per a la retenció del vehicle en els pendents; Frens dels eixos d'un robot a fi que quan es deixa inactiu no se'n desplomi l'estructura.

b) *Frens d'aturada*. La seva funció és aturar un membre mòbil en una maniobra més o menys curta. L'atenció se centra fonamentalment sobre la força i el temps de frenada, mentre que la potència dissipada té un valor acotat (que tanmateix pot ser important i que cal avaluar). Per exemple: Frens d'aturada d'un automòbil, d'aturada d'eixos de determinades màquines.

c) *Frens de dissipació*: La seva funció és mantenir la velocitat d'un sistema que tendeix a embalar-se, i l'atenció se centra en la dissipació de l'energia excedent (no solen ser frens de fricció). Per exemple: Frens electromagnètics amb dissipació per resistències elèctriques (usats per grans camions en baixades prolongades); Frens dinamomètrics de bancs d'assaig (sovint hidràulics), amb refrigeració externa.

Els frens de fricció poden realitzar les tres funcions anteriorment descrites, malgrat que proporcionen la màxima eficàcia com a frens d'aturada.

Embragatges de fricció

De forma genèrica es denominen *embragatges* aquells dispositius que permeten connectar dos membres mòbils d'una màquina (eventualment un d'ells pot estar aturat), de manera que s'estableixen unes forces d'acció-reacció que tendeixen a igualar (o igualen) les velocitats dels dos membres. Els més habituals en les màquines són els *embragatges de fricció*, però també n'hi ha que es basen en altres principis de funcionament, com ara: *acoblaments de forma* (unions per mitjà de formes que encaixen), o *acoblaments hidràulics* basats en dues turbines recíproques. Segons les característiques de la maniobra, es poden distingir tres tipus de dispositius d'embragatge:

a) *Acoblaments* (*maniobra sense càrrega*). Permeten connectar o desconnectar dos membres d'una màquina (generalment dos eixos giratoris) sempre que la maniobra es realitzi sense moviment relatiu ni transmissió de forces entre les parts; després de la connexió, els membres tampoc tenen moviment relatiu però poden transmetre importants forces sense dissipar potència. El principi de funcionament habitual en aquests embragatges és la unió per forma (clavetes, estriats, acanalaments), però també poden ser de fricció. Per exemple: Connexió estriada de les marxes del canvi d'un automòbil (el sincronitzador iguala prèviament les velocitats per mitjà d'un embragatge cònic de fricció del tipus *b*); Inversors de marxa de l'hèlix d'una barca (es realitza al ralentí i, malgrat això, produeix una sotragada).

b) *Embragatges* (*maniobra en càrrega*). Permeten connectar o desconnectar dos membres d'una màquina (generalment dos eixos giratoris) en moviment mentre transmeten una càrrega, circumstància en què dissipen una determinada quantitat d'energia. Després de la connexió, els membres no tenen moviment relatiu i transmeten forces relativament grans sense dissipar energia. El principi de funcionament més habitual en aquests embragatges és la connexió per mitjà de forces de fricció (*embragatges de fricció*). Per exemple: embragatge de l'automòbil, per igualar la velocitat del motor a la de la transmissió.

c) *Embragatges amb lliscament funcional*: Permeten connectar o desconnectar dos membres en marxa mentre es transmeten forces, però al final de la maniobra resta una diferència de velocitats o un lliscament permanent (generalment funció del parell) que produeix una constant dissipació d'energia i la corresponent pèrdua de rendiment. A favor, tenen el fet que fan també funcions de limitador de parell. Per exemple: *acoblament hidràulic*, unió per mitjà de dues turbines hidràuliques encarades entre si que transmeten un parell funció de la velocitat relativa entre els membres.

Els embragatges de fricció poden realitzar les dues primeres funcions anteriorment descrites, tot i que proporcionen la màxima eficàcia com a embragatges de maniobra amb càrrega.

Limitadors de força (o de parell)

Són dispositius que, en estat normal, connecten dos membres mòbils d'una màquina tot transmetent-se forces mútues però que, en cas que es doni una sobrecàrrega o el bloqueig d'un dels membres, es produeix la desconnexió o un moviment mutu entre les parts i l'anul·lació o la limitació de les forces transmeses. Segons el funcionament, hi ha dos tipus de limitadors de parell:

a) *Limitadors de desconnexió*. Mantenen la connexió a través d'una unió de forma que es desconnecta si les forces transmeses superen un determinat llindar. Tenen l'avantatge que, cas de persistir la sobrecàrrega o bloqueig, no es produeix una dissipació permanent d'energia o un forçament de la transmissió. El cas més simple és l'anomenat *fusible mecànic*, en què un element es trenca amb la sobrecàrrega (per exemple, un passador convenientment dimensionat). En altres casos, una unió elàstica manté la unió de forma i cal rearmar-lo després d'una desconnexió

b) *Limitadors de sobrecàrrega*. Mantenen la connexió a través d'una unió de fricció tarada que rellisca si les forces transmeses superen un determinat valor llindar. Té l'avantatge que es rearma automàticament quan cessa la sobrecàrrega, però si aquesta persisteix, es produeix una dissipació continuada d'energia que pot conduir a la seva destrucció.

Rodes lliures

Són dispositius que, quan el moviment relatiu entre dos membres d'una màquina tendeix a un sentit, mantenen la connexió (sense possibilitat de moviment mutu) mentre que, quan el moviment relatiu té el sentit contrari, els membres es desconnecten (sense transmetre moviment ni forces). Poden basar-se en diversos principis de funcionament diferents: *unions de forma*, com ara cadell i roda d'escapament (sistema utilitzat normalment en el pinyó lliure de bicicleta); *unions de força*, basades en fenòmens d'autoretenció entre elements de frec (per exemple, les rodes lliures de boles).

Rodes de frec, roda-terra, roda-carril

En les màquines i sistemes mecànics, una de les formes més habituals de transmissió del moviment i de les forces és per mitjà de l'adherència en els contactes rodolants entre membres cilíndrics o entre un membre cilíndric i un pla. Per assegurar una bona eficàcia en aquestes transmissions, cal crear una força normal suficient entre les superfícies per assegurar l'adherència.

Els dos principals tipus de transmissió basats en aquest principi són:

a) *Transmissions per rodes de frec*
    S'apliquen a petites transmissions de baix cost (lectors de cinta, impressores) i en variadors mecànics de velocitat. Requereixen un dispositiu tensor per assegurar l'adherència entre les rodes i s'usen materials en el contacte que tenen, o bé un alt límit d'adherència (elastòmers), o bé una gran resistència a les pressions superficials (acers; s'obté l'adherència per mitjà d'una elevada força normal).

b) *Tracció per roda-terra, o roda-carril*
    Aquest sistema s'usa habitualment en la tracció dels vehicles automòbils i dels ferrocarrils. La força normal s'assegura pel pes propi del vehicle, que alhora en limita les possibilitats de tracció i de frenada. En els automòbils s'ha buscat un límit d'adherència elevat per mitjà del pneumàtic de la roda en contacte amb el terra, mentre que en el ferrocarril, la gran massa de les locomotores assegura una tracció suficient per a la resta de vagons (en els trens automotors, la massa de tots els vehicles assegura la tracció).

Transmissions per corretja, cables o bandes

Aquestes transmissions fan intervenir l'adherència entre un membre flexible (corretja, banda o cable) i un membre rígid, habitualment de forma cilíndrica (politges, corrons o tambors), i poden realitzar funcions com ara les que es descriuen a continuació:

a) *Corretges planes, corretges trapezials*. Aquestes transmissions requereixen un tensor per assegurar l'adherència entre corretja i politges i, el seu objectiu principal és la transmissió del moviment de rotació entre dos eixos, especialment a velocitats elevades. Les corretges trapezials, amb un límit d'adherència efectiu més elevat, són un dels sistemes de transmissió més utilitzats en les màquines per la seva economia i versatilitat.

b) *Banda-corró*. El seu funcionament és molt semblant al de les corretges planes (tensor inclòs) però, atès que les bandes són planes i els corrons que les suporten cilíndrics, en general requereixen dispositius per al centratge. Les seves aplicacions es relacionen amb el transport o l'arrossegament de productes.

c) *Cable-tambor*. Són elements flexibles de fils d'acer trenats i generalment s'enrotllen i desenrotllen damunt d'un tambor. En els sistemes de cable-tambor la tensió ve donada generalment pel mateix cable (grues, ascensors) que ha d'abraçar un angle suficient del tambor per assegurar l'adherència.

Les transmissions de frec solen ser més silencioses i suaus que les transmissions de forma (engranatges i cadenes), però admeten parells menys elevats.

2. Frec en els enllaços

2.1   Forces passives en els enllaços

Introducció

Les màquines es caracteritzen per ser sistemes mecànics amb mobilitat relativa entre les seves parts, fet que es tradueix en funcions relacionades amb els moviments i les forces. Els *enllaços* (o *parells cinemàtics*) determinen les possibilitats de moviment entre els membres dels mecanismes de les màquines i, per tant, en constitueixen elements essencials.

A més del moviment relatiu dels enllaços, la seva geometria i les propietats de les superfícies incideixen en altres efectes com ara les forces transmeses, la dissipació d'energia o el fenomen de l'autorretenció. Per tant, l'estudi dels enllaços (i, en concret, els efectes de les forces passives) constitueix una part determinant del disseny de màquines.

Els enllaços ideals (sense presència de forces passives) transmeten forces i parells (en prinicpi, de valor desconegut) en totes les direccions excepte en les dels moviments permesos. Tanmateix, la presència de forces passives en els enllaços reals fa que també es transmetin forces i parells en les direccions del moviment i, en aquest cas, solen ser determinades i fàcilment avaluables.

Aquest capítol es dedica a analitzar els efectes de les forces passives més freqüents en els enllaços de les màquines, com ara el frec sec i la resistència al rodolament, aplicades als enllaços de revolució, prismàtic i helicoïdal. Les forces passives originades en enllaços amb la presència d'una capa gruixuda de lubricant són objecte d'un estudi especialitzat que no es tracta en aquestes planes.

Agrupació dels enllaços en classes

Atenent als graus de llibertat del moviment relatiu (o sigui, el nombre de moviments independents permesos entre els dos membres) els enllaços s'agrupen en classes:

Classe 1 (un grau de llibertat)
Enllaços de revolució, o parells de revolució (articulacions, excèntriques); enllaços prismàtics, o parells prismàtics (guies-corredores); enllaços helicoïdals, o parells heli-coï-dals (unions i transmissions de cargol-femella); tots tres s'estudien en aquest capítol.

Classe 2 (dos graus de llibertat)
Enllaços cilíndrics, o parells cilíndrics; en el pla, enllaços de lleva, o parells de lleva.

Classe 3 (tres graus de llibertat)
Enllaços esfèrics, o parells esfèrics (ròtules); enllaços plans, o parells plans.

Classe 4 (quatre graus de llibertat)
Enllaços (o parells) de ciclindre-pla i de cilindre-esfera.

Classe 5 (cinc graus de llibertat)
Enllaços puntuals, o parells puntuals (contactes esfera-pla, o esfera-esfera).

Agrupació dels enllaços segons la dimensió del contacte

Atenent, també, a la dimensió de la zona de contacte (superficial, lineal o puntual), els enllaços es classifiquen en:

Parells superiors (contacte superficial)
Impliquen forçosament un contacte lliscant i ofereixen una bona superfície de suport per a les accions i reaccions que s'hi transmeten. És convenient que els materials que formen aquests enllaços tinguin un coeficient de fricció baix i una bona resistència a l'abrasió i al desgast.

Parells inferiors (Contacte lineal o puntual)
Malgrat que el contacte en aquests enllaços teòricament no té superfície, en la realitat es crea una zona de contacte no nul·la (encara que molt petita), gràcies a les deformacions dels materials. Aquests enllaços constitueixen la base del contacte rodolant (rodaments, guies lineals, cargols de boles), si bé també admeten el lliscament (engranatges, lleves). Si es busca un baix coeficient de rodolament, és convenient que els materials que formen aquests enllaços tinguin un elevat mòdul d'elasticitat i una elevada resistència me-cànica (resistència a les pressions superficials, o al picat) i, si es busca capacitat de transmetre forces tangencials, són convenients materials que també tinguin un elevat límit d'adherència.

Evolució dels enllaços d'un grau de llibertat

Primera utilització del contacte lliscant

El contacte lliscant entre superfícies és el que acostuma a ser més fàcil de materialitzar i el que s'ha utilitzat en primer lloc per la humanitat, malgrat que va associat a unes forces de fricció relativament elevades, fins i tot en el cas que sigui lubricat. Amb la lubricació fluïda per capa gruixuda, creada per efecte hidrostàtic o hidrodinàmic, s'obtenen valors molt més baixos de les forces passives, malgrat que aquest fet introdueix una notable complexitat tecnològica addicional.

Des de temps històrics, el contacte lliscant ha constituït una solució relativament eficaç per a materialitzar l'enllaç de revolució (eixos de rodes de carro, frontisses de porta, arbres de rodes hidràuliques o rotors de molins de vent), ja que la seva geometria fa que la pèrdua de rendiment sigui moderada i que els errors de fabricació tendeixin a desaparèixer amb el desgast de les superfícies.

L'aplicació del contacte lliscant a l'enllaç prismàtic (calaixos, passadors, corredores) ha comportat moltes més dificultats a causa dels efectes molt més importants de la fricció sobre el rendiment dels enllaços i de l'aparició del fenomen de l'autoretenció. De fet, no ha estat fins a èpoques relativament recents, sobretot amb el desenvolupament del motor d'explosió, que l'enllaç prismàtic s'ha aplicat a mecanismes de transmissió de potència.

L'enllaç helicoïdal, amb rendiments encara més baixos que els enllaços de revolució i prismàtics, a part de les unions roscades, s'ha utilitzat tan sols en mecanismes per a multiplicar les forces i per a obtenir regulacions relativament fines, però no en la transmissió de grans potències.

Introducció del contacte rodolant

El contacte rodolant, ja conegut a l'antiguitat quan s'aplicava per a disminuir les forces de fricció en el trasllat de grans blocs de pedra a base d'utilitzar troncs d'arbre com a corrons, comença a ser present durant els darrers segles en nombroses propostes i patents destinades a la seva aplicació a les màquines.

Tanmateix, no és fins fa poc més d'un segle que s'aconsegueixen unes tecnologies de fabricació i uns materials adequats (fonamentalment acers) per a la materialització del contacte rodolant en l'enllaç de revolució, origen de la indústria del *rodament*, mentre que la introducció del contacte rodolant en els enllaços prismàtic i helicoïdal no s'ha desenvolupat fins a temps més recents i, avui dia, encara es produeixen novetats en els sistemes de *guia lineal* (dispositius que materialitzen l'enllaç prismàtic amb contacte rodolant) i de *cargol de boles* (transmissions de cargol-femella amb boles interposades).

2.2 Frec en enllaços de revolució

Introducció

Com els altres parells cinemàtics, els enllaços de revolució ideals (sense presència de forces passives) suporten o transmeten forces i parells en totes les direccions excepte en la del moviment permès. Tanmateix, la presència de fricció en els parells de revolució reals fa que també es transmeti un parell segons l'eix de gir, si bé aquest acostuma a ser de valor relativament moderat.

Com s'ha dit en la secció anterior, la materialització dels enllaços de revolució (o articulacions) per mitjà de contacte lliscant és relativament fàcil i s'ha resolt amb suficient eficàcia des d'èpoques històriques en sistemes com ara la roda de carro, les rodes hidràuliques o els rotors dels molins de vent. Tanmateix, la cerca de la disminució de les pèrdues de potència a causa de les forces passives, especialment en la bicicleta, ha fet que durant tot el segle XIX es treballés per posar a punt tècniques per introduir el rodolament en els enllaços de revolució. Aquestes millores van donar lloc a la indústria del rodament desenvolupada durant el segle XX.

Avui dia la major part dels enllaços de revolució de les màquines i aparells es materialitzen amb components especialitzats fonamentalment de dos tipus: *a*) *Rodaments*, basats en el contacte rodolant (fricció molt baixa) i que poden suportar càrregues de diversa intensitat i en diverses direccions (radials, axials, combinades); *b*) *Coixinets de fricció*, basats en el contacte lliscant (fricció molt més elevada), que aporten les formes, dimensions i materials adequats (coeficient de fricció moderat, desgast controlat).

El model de frec que s'estableix a continuació va destinat als enllaços de revolució amb contacte lliscant (ja que experimenten els efectes més importants de les forces passives), però també s'aplica als enllaços amb contacte rodolant (i, en concret, als rodaments).

Transmissió de forces en l'enllaç de revolució

En absència de forces passives, l'enllaç de revolució impedeix el moviment mutu entre els dos membres excepte en la direcció del gir permesa; per tant, mentre els materials resisteixin, absorbeix les reacció en les altres direccions: *a*) La reacció en sentit radial, segons un pla perpendicular a l'eix de revolució; *b*) La reacció en sentit axial, segons la direcció de l'eix de revolució. En general, el muntatge adequat dels enllaços de revolució impedeix que s'hi apliquin parells transversals.

En presència de forces passives (l'anàlisi que ve a continuació es concreta amb frec sec o de Coulomb), l'enllaç de revolució transmet també un parell segons l'eix de revolució (o parell de fricció, M_f) que resulta dels dos components següents:

a) Un parell de fricció radial, M_{fR}, conseqüència de les forces tangencials de frec en la part cilíndrica, originades per la reacció radial sobre l'enllaç de revolució, F_R.

b) I, un parell de fricció axial, M_{fA}, conseqüència de les forces tangencials de frec en la superfície de suport axial (una valona, un collarí), originades per la reacció axial sobre l'enllaç de revolució, F_A.

El parell de fricció total sobre l'enllaç de revolució és, doncs (Figura 2.1a):

$$M_f = M_{fR} + M_{fA} \tag{1}$$

Alguns dels enllaços de revolució presenten tan sols una d'aquestes forces (per exemple: el coixinet d'una roda d'un carretó acostuma a absorbir tan sols reaccions radials; el suport giratori d'un ganxo absorbeix tan sols reaccions axials), però també és molt freqüent que les articulacions absorbeixin forces combinades (per exemple: la frontissa inferior d'una porta).

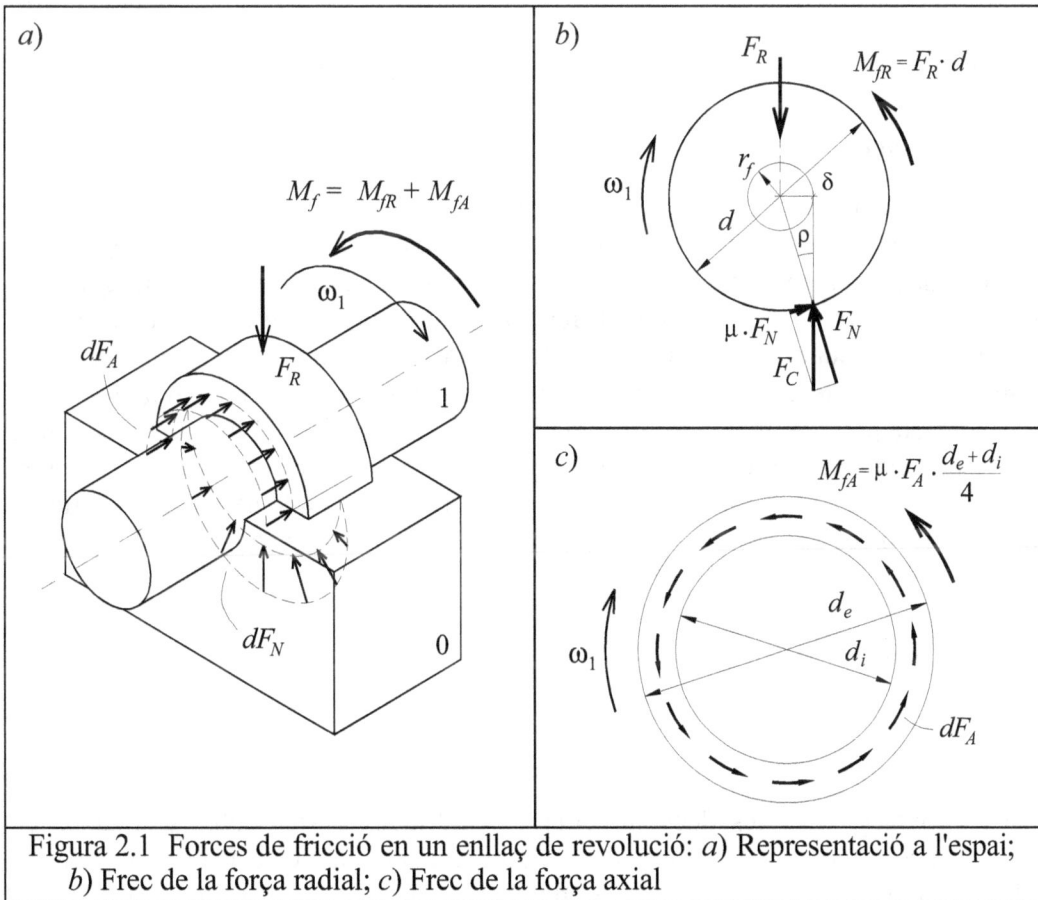

Figura 2.1 Forces de fricció en un enllaç de revolució: *a*) Representació a l'espai; *b*) Frec de la força radial; *c*) Frec de la força axial

Parell de frec de les forces radials

En un enllaç de revolució de contacte lliscant, les forces radials es transmeten a través de dues superfícies cilíndriques, una convexa que conforma l'eix i l'altra còncava que conforma l'allotjament, amb diàmetres lleugerament diferents (l'allotjament més gran que l'eix, amb valors controlats per les toleràncies) a fi de facilitar el moviment relatiu.

El contacte es realitza en una zona indeterminada que pot oscil·lar entre els dos extrems següents: *a*) Si el joc és relativament gran, es considera que la força de contacte radial es transmet concentrada en un entorn molt estret de la línia de contacte (en una secció plana esdevé un punt), i el parell de frec s'obté aplicant directament el model de Coulomb; *b*) Si el joc és molt petit, el contacte es reparteix sobre una gran superfície que, en el cas límit, pot arribar a ser la meitat del cilindre, i el parell de frec pot ser estudiat per mitjà del model del contacte sabata-tambor (Secció 3.1).

L'aplicació d'un o altre criteri de distribució de les forces de contacte radials no canvia l'expressió del parell de fricció d'aquestes forces, però sí que n'altera l'expressió del coeficient de fricció. Introduint-hi el límit d'adherència es poden obtenir fórmules anàlogues per al parell d'adherència màxim de les forces radials.

Contacte puntual

Si el contacte és puntual, la força de contacte radial que passa pel punt de contacte, F_{CR}, és el resultat de la composició d'una força de contacte radial normal, F_{CRN}, (que passa pel centre de l'articulació), i de la força de fricció associada, $F_{CRT} = \mu \cdot F_{CRN}$ (tangent a les superfícies), que té un sentit o altre en funció del moviment relatiu dels dos membres. Sempre que es produeixi lliscament, la relació entre la força normal i la força de fricció tangencial és la mateixa (μ, constant, segons el model de Coulomb) i això fa que la força de contacte passi sempre separada del centre de l'articulació (el joc és suficientment petit respecte als diàmetres com perquè no es distingeixi entre la superfície interior i l'exterior). Així, doncs, sigui el que sigui el punt de contacte en la perifèria de l'articulació, totes les forces de contacte són tangents a un *cercle de fricció* amb centre en l'eix de l'articulació i de radi (Figura 2.1a):

$$r_f = \frac{d}{2} \cdot \sin\rho = \frac{d}{2} \cdot \frac{\tan\rho}{\sqrt{1+\tan^2\rho}} = \frac{d}{2} \cdot \frac{\mu}{\sqrt{1+\mu^2}} \approx \frac{d}{2} \cdot \mu \qquad (2)$$

Contacte distribuït

Quan el contacte entre les dues superfícies cilíndriques s'estén sobre una superfície gran, atès que el moviment de lliscament relatiu produeix un efecte de desgast anàleg al de la sabata usada, es pot aplicar la llei de distribució de pressions i les equacions del contacte sabata-tambor (Secció 3.1). En aquest model, la resultant de les forces de contacte (normal més tangencial de fricció) passa pel centre d'empenta E situat a un radi, r_E, lleugerament superior al radi de la superfície cilíndrica (Figura 3.1e). Si s'estudia el cas límit en què els extrems de la zona de contacte s'estenen sobre mig cercle ($\theta_1 = 0$ i $\theta_2 = \pi$), el radi centre d'empenta, r_E, és:

El radi del cercle de fricció es calcula de forma anàloga al cas anterior però ara prenent

$$A = 1{,}571 \quad B = 0 \quad C = 2 \quad \Rightarrow \quad r_E = 1{,}273 \cdot \frac{d}{2} \tag{3}$$

la distància del centre d'empenta, r_E, enlloc del radi de l'articulació, $d/2$:

$$r_f = r_E \cdot \sin\rho \approx r_E \cdot = \left(1{,}273 \cdot \frac{d}{2}\right) \cdot \mu = \frac{d}{2} \cdot \left(1{,}273 \cdot \mu\right) \tag{4}$$

En aquest cas, el radi del cercle de fricció és 1,273 vegades superior que en el contacte puntual i els efectes de fricció són més grans.

Model global del frec de les forces radials

La força de contacte radial normal, F_{CRN}, i la força de fricció associada, $\mu \cdot F_{CRN}$, es troben en un mateix pla perpendicular a l'eix de l'enllaç de revolució i la seva composició és la força de contacte radial, F_{CR} (Figura 2.1b).

Segons la hipòtesi que s'adopti (en cas de dubte, es pren la més desfavorable), la força de contacte radial de dos membres amb moviment relatiu, F_{CR}, és tangent a un cercle de fricció amb un radi de fricció comprès entre $r_f = \mu \cdot (d/2)$ i $r_f = 1{,}273 \cdot \mu \cdot (d/2)$, i el parell de fricció es pot expressar de la següent forma:

$$M_{fR} = \frac{1}{2} \cdot \mu' \cdot F_R \cdot d \qquad \mu' = (1 \div 1{,}273) \cdot \mu \tag{5}$$

Qualsevol força de contacte radial de direcció donada pot ser tangent en dos punts oposats del cercle de fricció i es determina quin d'ells correspon a partir del sentit de la velocitat relativa i del sentit de les forces de fricció. Si es fa una inversió en la forma constructiva de l'articulació (l'eix es transforma en allotjament i l'allotjament en eix), canvia la situació del punt de contacte (Figures 2.3 i 2.4).

Parell de frec de les forces axials

La força axial en un enllaç de revolució de contacte lliscant és suportada per una valona o un collarí, de diàmetre interior, d_i (sovint coincidint amb el diàmetre de l'eix, d), i diàmetre exterior, d_e (Figura 2.1c). Atès que el moviment de lliscament relatiu produeix un efecte de desgast anàleg al dels discs de fricció, es pot aplicar la llei de distribució de pressions i les equacions del contacte entre discs (Secció 3.5). El parell de fricció de la força axial que en resulta és:

$$M_{fA} = \frac{1}{4} \cdot \mu \cdot F_A \cdot (d_i + d_e) \tag{6}$$

Anàlogament al cas anterior, introduint-li el límit d'adherència, aquesta expressió també és vàlida per a obtenir el parell d'adherència màxim de les forces axials.

Parell de frec total i aplicacions

Sumant els efectes de fricció de les forces radials i de les forces axials, el parell de fricció total d'un enllaç de revolució pren la forma següent:

$$M_f = M_{fR} + M_{fA} = \frac{1}{2} \cdot \mu' \cdot F_R \cdot d + \frac{1}{4} \cdot \mu \cdot F_A \cdot (d_i + d_e) \tag{7}$$

És interessant d'analitzar les conseqüències d'aquesta expressió del frec en els d'enllaços de revolució. Cal observar que el radi del cercle de fricció, r_f, directament lligat al valor del parell de fricció de les forces radials, és proporcional al diàmetre de l'articulació, d, i al coeficient de fricció, μ. La disminució del parell de fricció de les forces radials s'obté minimitzant aquests paràmetres, estratègia usada per dos dels dispositius més freqüents a la pràctica que s'analitzen a continuació

Disminució del diàmetre (articulació entre puntes)
Una primera estratègia consisteix en la disminució del diàmetre. Sovint, la determinació del diàmetre d'un eix o d'un arbre demana un compromís entre la resistència i la rigidesa de l'eix o la capacitat d'absorbir reaccions dels coixinets (que requereixen diàmetres superiors a uns mínims) i la disminució del frec en els coixinets (que requereix diàmetres tan petits com es pugui). En les aplicacions en què les reaccions sobre els coixinets són moderadament grans, s'aprima el diàmetre en els extrems dels eixos, mentre que en casos extrems sense pràcticament forces radials, se suporta l'eix entre puntes (solució adoptada per alguns eixos de rellotges mecànics; Figura 2.2a).

Disminució del coeficient de fricció (rodaments)
Una altra estratègia usada per disminuir els efectes del frec consisteix en disminuir el coeficient de fricció. Una de les solucions adoptada massivament en les màquines es basa en la introducció del rodolament en l'enllaç de revolució per mitjà dels rodaments, fet que comporta una baixada espectacular del coeficient de fricció (Figura 2.2b).

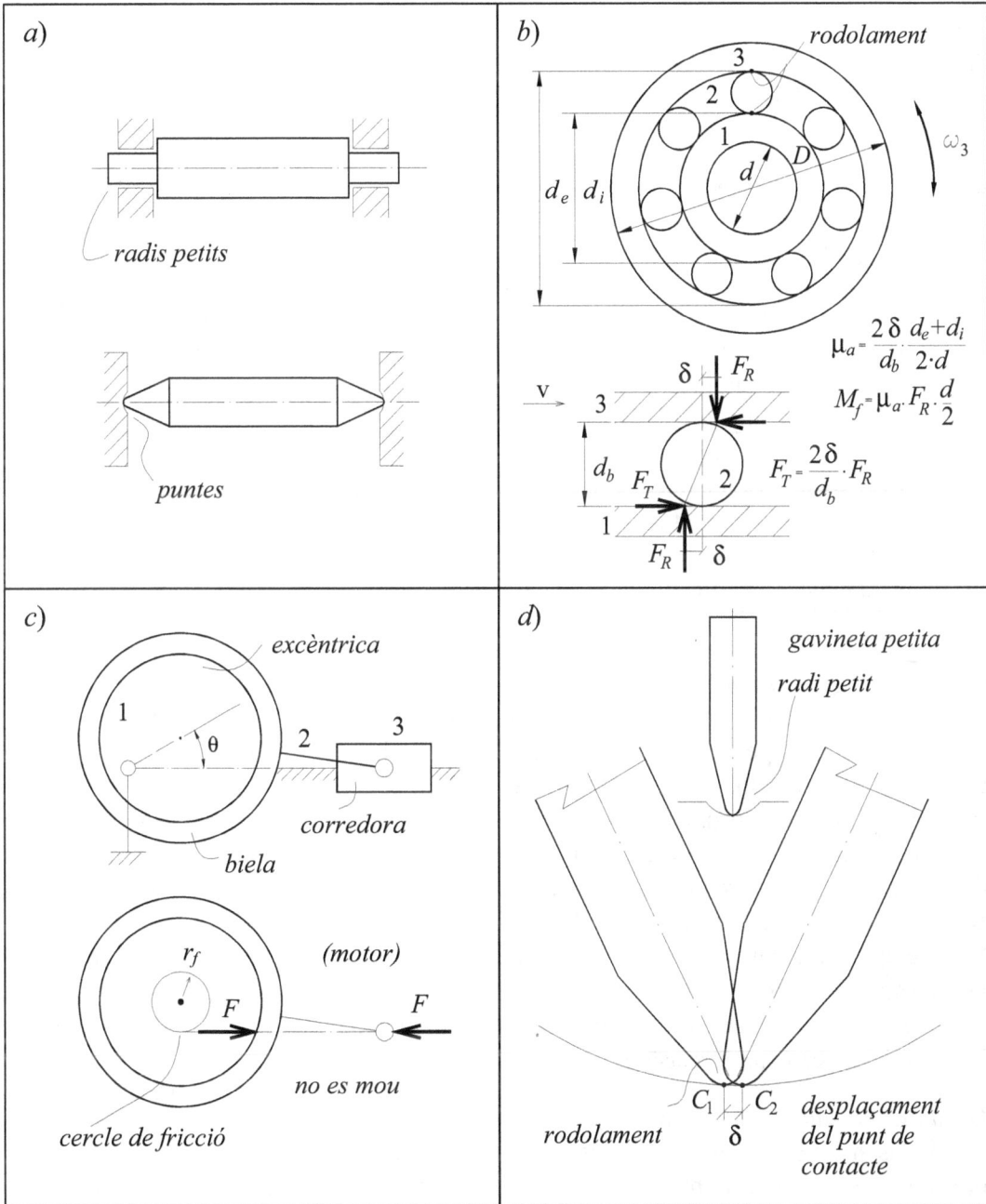

Figura 2.2 Casos particulars de fricció en els enllaços de revolució: *a*) Disminució del diàmetre en els extrems (articulació entre puntes); *b*) Disminució del coeficient de frec en els rodaments; *c*) Zones mortes en els coixinets de grans diàmetres i en les excèntriques; *d*) Oscil·lacions que requereixen una fricció molt baixa: enllaços de revolució materialitzats amb ganivetes.

En els rodaments el parell de fricció, M_f, s'avalua per mitjà d'un coeficient de fricció aparent, μ_a (tant per a rodaments radials com axials), referit al diàmetre de l'eix sobre el qual s'aplica el rodament: $M_{fR}=\mu_a \cdot F_R \cdot d/2$ o bé $M_{fA}=\mu_a \cdot F_A \cdot d/2$

A continuació es mostra la Taula 2.1 amb els valors del coeficient de fricció aparent per als principals tipus de rodaments:

Taula 2.1	Coeficients de fricció aparent, μ_a
Rodaments radials de boles	0,0015
Rodaments de corrons cilíndrics	0,0011
Rodaments d'agulles	0,0025
Rodaments angulars de boles	0,0024
Rodaments de corrons cònics	0,0018
Rodaments oscil·lants de boles	0,0010
Rodaments oscil·lants de corrons	0,0018
Rodaments axials de boles	0,0013
Rodaments axials oscil·lants de corrons	0,0018

Coixinets de grans diàmetres (excèntriques)

Una de les formes de materialitzar una barra de dimensions molt curtes (generalment, una manovella) és per mitjà d'una excèntrica, o sigui, una solució constructiva en què una de les articulacions abraça l'altra i, per tant, en resulta amb un diàmetre molt gran. Així, doncs, les excèntriques participen en un enllaç de revolució de contacte lliscant de diàmetre molt gran que origina al seu torn un radi de fricció també molt gran que, a més de produir pèrdues de rendiment considerables en les màquines, poden donar lloc a una sensible ampliació dels punts morts dels mecanismes.

Per exemple, si la corredora de la Figura 2.2c és el membre motor, hi ha autoretenció en la transmissió del moviment per a un angle $\alpha=\pm \text{asin}(r_f/e)$ (e és l'excentricitat), ja que es pot establir l'equilibri entre la força motora i la reacció en l'eix fix de la biela, sense la intervenció de cap parell resistent.

Oscil·lacions que requereixen una fricció molt baixa (ganivetes)

En alguns sistemes en què calen uns petits moviments d'oscil·lació angular entre membres i un parell de fricció molt baix (per exemple, en unes balances), s'utilitza una materialització de l'enllaç de revolució que consisteix en un suport a través d'una ganiveta, o d'una peça amb un cantell de radi molt petit. De fet, l'enllaç no és pròpiament de contacte lliscant, sinó de contacte rodolant (aquest és un dels motius de la disminució del parell de fricció) i el petit desplaçament lateral del punt de contacte pot ser menyspreat davant de les dimensions generals dels membres (Figura 2.2d).

Exemple 2.1: Transmissió amb frec a les articulacions

Enunciat

La Figura 2.3a mostra un quadrilàter articulat que transmet un moviment de rotació entre els eixos A_0 i B_0. Se suposa que les articulacions de la biela, A i B, tenen un diàmetre gran i alhora un coeficient de fricció important de forma que els corresponents radis dels cercles de fricció, r_{fA} i r_{fB}, no són menyspreables. Es demana d'estudiar els següents aspectes d'aquest sistema:

1) Direcció de les forces que transmet la biela 3 i situació dels punts de contacte C_{13} i C_{23} en els quatre casos següents: *a*) Sentit del moviment i dels parells indicats a la Figura 2.3a; *b*) El mateix sentit del moviment i sentit contrari dels parells (Figura 2.3c); *c*) Sentit contrari del moviment i el mateix sentit dels parells (Figura 2.3d); *d*) Sentits contraris del moviment i dels parells (Figura 2.3e).

2) Direcció de les forces que transmet la biela 3 i situació dels punts de contacte C_{13} i C_{23} per a les quatre formes constructives següents (es prenen els sentits del moviment i de les forces de la Figura 2.3a): *a*) La biela materialitza els dos eixos de les articulacions A i B (Figura 2.3a); *b*) La biela materialitza l'eix de l'articulació A i l'allotjament de l'articulació B (Figura 2.4a); *c*) La biela materialitza l'allotjament de l'articulació A i l'eix de l'articulació B (Figura 2.4b); *d*) La biela materialitza els allotjaments de les dues articulacions A i B (Figura 2.4c).

3) Establir el rendiment directe (el motor és el membre 1) i el rendiment invers (el motor és el membre 2) d'aquesta transmissió.

Resposta

La major part de respostes es donen de forma gràfica per mitjà de les Figures 2.3 i 2.4, completades amb determinades explicacions i expressions matemàtiques.

1) Les Figures 2.3a, 2.3c, 2.3d i 2.3e donen resposta als quatre casos del punt 1, mentre que la Figura 2.3b proporciona la base per a l'explicació del primer cas. Per a cada un d'ells es procedeix de la manera següent:

    1r. En funció del sentit dels parells i de la forma constructiva de l'articulació, es determina aproximadament la situació dels punts de contacte C_{13} i C_{23} que, en el primer cas, estan situats en les posicions més separades.

    2n. En funció de la velocitat relativa entre les dues superfícies, es determina el sentit de les forces de fricció (sobre el membre 3, el sentit de la força de fricció, F_{T13}, és l'indicat a la Figura 2.3b, contrari a la velocitat relativa ω_{31})

    3r. El sentit de la força de fricció determina la zona de tangència de la línia d'acció de les forces de contacte, F_{C13} i F_{C23}, amb els cercles de fricció de radis, r_{fA} i r_{fB} (en el primer cas, el punt de tangència per a l'articulació A se situa en la part superior i, el punt de tangència per a l'articulació B, en la part inferior).

En la resta de casos, es procedeix de forma anàloga.

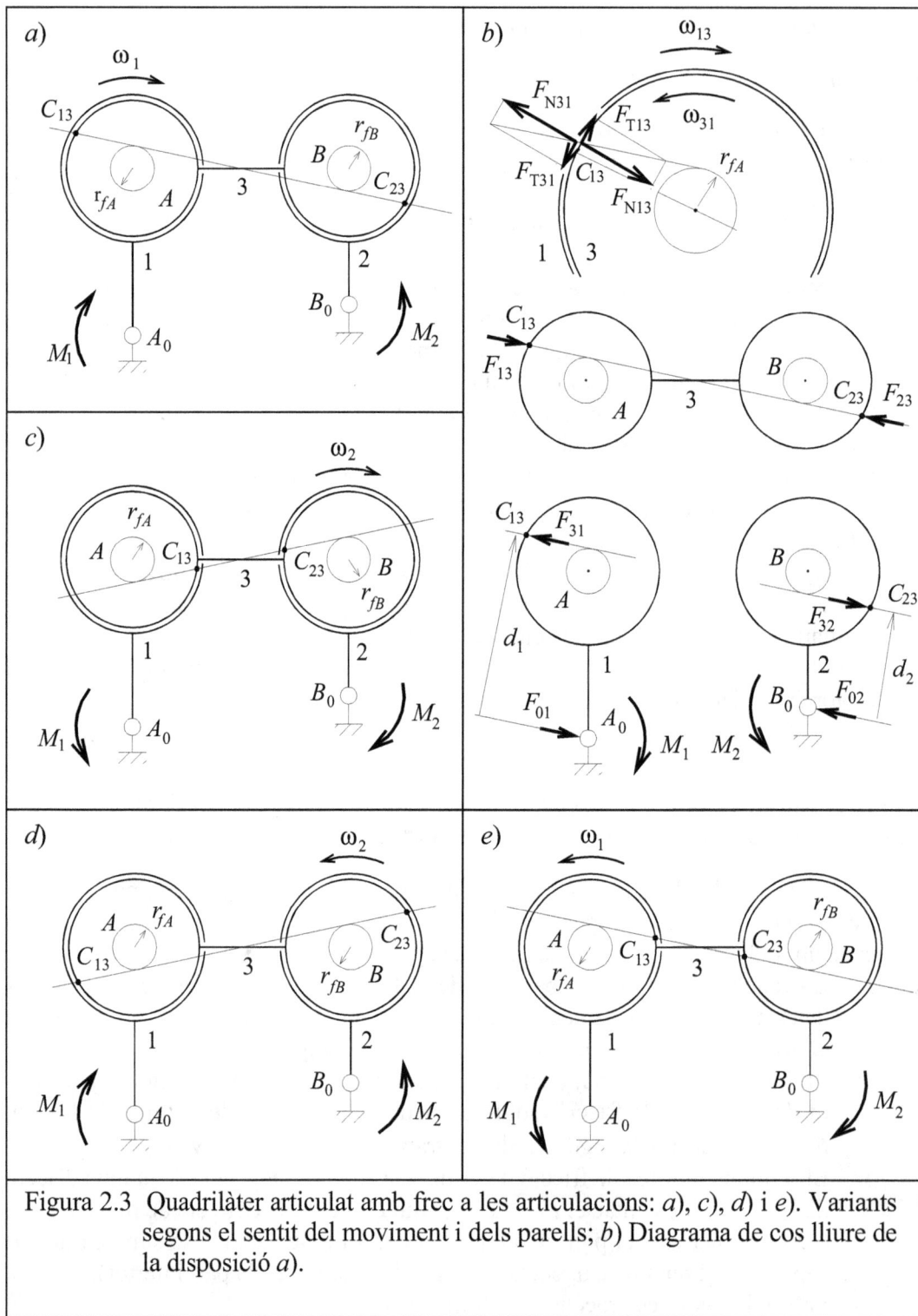

Figura 2.3 Quadrilàter articulat amb frec a les articulacions: *a*), *c*), *d*) i *e*). Variants segons el sentit del moviment i dels parells; *b*) Diagrama de cos lliure de la disposició *a*).

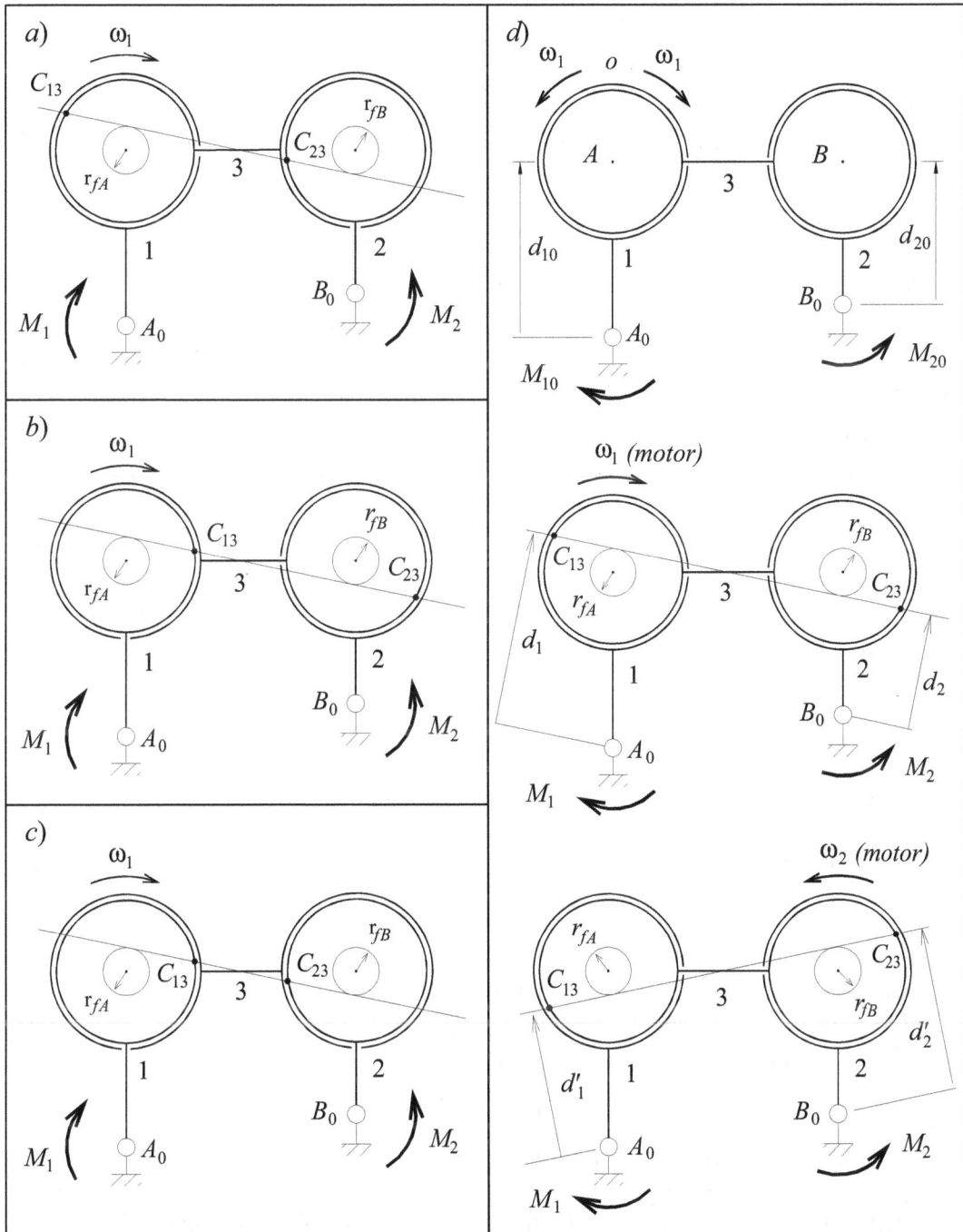

Figura 2.4 Quadrilàter articulat amb frec a les articulacions: *a*), *b*) i *c*) Variants, junt amb Figura 2.6a, de les configuracions de les articulacions; *d*) Paràmetres de la transmissió amb rendiment unitat, i per al càlcul del rendiment directe i el rendiment invers.

És bo d'observar que la direcció de la força que transmet la biela depèn de quin és el membre motor, independentment de quin és el sentit en què es mou.

2) Les Figures 2.3a, 2.4a, 2.4b i 2.4c donen resposta als quatre casos del punt 2 sobre la direcció de les forces que transmet la biela 3 i la situació dels punts de contacte C_{13} i C_{23}. En els quatre casos la direcció de les forces és la mateixa, ja els sentits del moviment i dels parells són els mateixos, però varien les situacions dels punts de contacte: *a*) El punt de contacte C_{13} és a l'esquerra de l'articulació A i el punt de contacte C_{23} a la dreta de l'articulació B (Figura 2.3a); *b*) C_{13} a l'esquerra d'A i C_{23} a l'esquerra de B (Figura 2.4a); *c*) C_{13} és a la dreta d'A i C_{23} a la dreta de B (Figura 2.4b); *d*) C_{13} és a la dreta de A i C_{23} a l'esquerra de B (Figura 2.4c).

3) El rendiment directe de la transmissió (membre 1 motor i membre 2 receptor) es defineix com el quocient entre la potència rebuda pel membre 2 i la proporcionada pel membre 1:

$$\eta_{dir} = \frac{M_2 \cdot \omega_2}{M_1 \cdot \omega_1} \tag{8}$$

Si els radis de fricció són nuls, $r_{fA} = r_{fB} = 0$, la transmissió té un rendiment unitat (Figura 2.4d):

$$\eta_0 = \frac{M_{20} \cdot \omega_2}{M_{10} \cdot \omega_1} = 1 \tag{9}$$

En funció de les anteriors definicions, el rendiment directe es pot definir per:

$$\eta_{dir} = \frac{M_2 \cdot \omega_2}{M_1 \cdot \omega_1} = \frac{M_2 \cdot \omega_2}{M_1 \cdot \omega_1} \cdot \frac{M_{10} \cdot \omega_1}{M_{20} \cdot \omega_2} = \frac{M_2}{M_1} \cdot \frac{M_{10}}{M_{20}} = \frac{F \cdot d_2}{F \cdot d_1} \cdot \frac{F_0 \cdot d_{10}}{F_0 \cdot d_{20}} = \frac{d_2 / d_1}{d_{20} / d_{10}} \tag{10}$$

En definitiva, el rendiment directe es transforma en una relació geomètrica de distàncies que són funció dels radis dels cercles de fricció. Si les distàncies A_0A i B_0B són molt més grans que els radis dels cercles de fricció, r_{fA} i r_{fB}, el rendiment anterior es pot expressar de forma aproximada per:

$$\eta_{dir} = \frac{d_2 / d_1}{d_{20} / d_{10}} \approx \frac{(d_{20} - r_{fB}) / d_{20}}{(d_{10} + r_{fA}) / d_{10}} = \frac{1 - r_{fB} / d_{20}}{1 + r_{fA} / d_{10}} \tag{11}$$

Fent el mateix raonament per al rendiment invers (membre 2 motor), s'obté:

$$\eta_{inv} = \frac{d_1 / d_2}{d_{10} / d_{20}} \approx \frac{(d_{10} - r_{fA}) / d_{10}}{(d_{20} + r_{fB}) / d_{20}} = \frac{1 - r_{fA} / d_{10}}{1 + r_{fB} / d_{20}} \tag{12}$$

Exemple 2.2: Fricció en les frontisses d'una port

Enunciat

Una porta homogènia de 24 kg té una amplada de 1000 mm i una alçada de 2000 mm i està suportada per dues frontisses distanciades entre elles 1200 mm, essent la inferior la que rep la càrrega vertical. Les frontisses estan formades per dues peces cilíndriques de 80 mm de llargada i diàmetres interior i exterior de d_i=10 mm i d_e=18 mm (Figura 2.5). Es demana el parell de fricció de l'articuació de la porta, sabent que μ=0,2.

Resposta

En aquest cas el parell de fricció és causat per les dues forces radials, F_{RA} i F_{RB}, que aguanten la balançada de la porta, i la força axial, F_{AA}, que suporta el pes. L'equilibri de les forces que actuen sobre la porta permet trobar les reaccions sobre les frontisses: $F_{RA}=F_{RB}=100$ N i $F_{AA}=250$ N. Aplicant la fórmula del parell de fricció, s'obté:

$$M_f = M_{fRA} + M_{fRB} + M_{fAA} = \frac{1}{2}\mu \cdot R_{RA} \cdot d_i + \frac{1}{2}\mu \cdot R_{RB} \cdot d_i + \frac{1}{4}\mu \cdot R_{AA} \cdot (d_i + d_e) = \tag{13}$$

$$= 0,100 + 0,100 + 0,336 = 0,536 \quad \text{Nm}$$

El parell de fricció més important és el causat per la reacció axial.

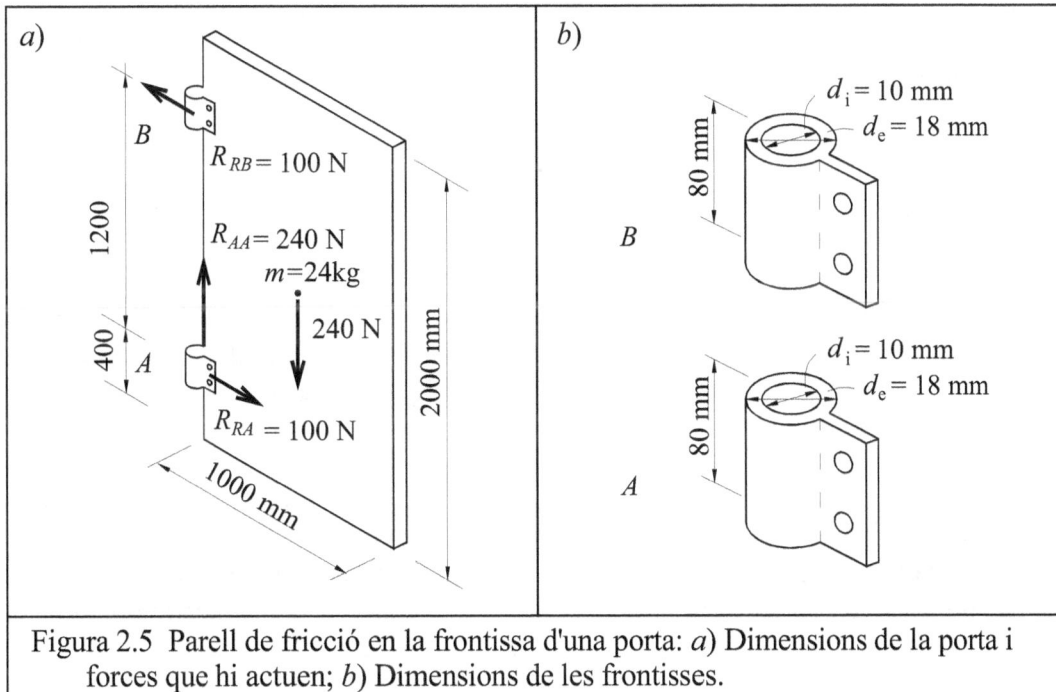

Figura 2.5 Parell de fricció en la frontissa d'una porta: *a*) Dimensions de la porta i forces que hi actuen; *b*) Dimensions de les frontisses.

2.3 Frec en enllaços prismàtics

Introducció

Els enllaços prismàtics són molt més freqüent en els mecanismes i les màquines del que hom es pensa (carros de màquines eines, capçals de premses, portes corredisses, guies d'ascensor, tecles i polsadors, capçals d'impressora, lectors de targetes, protectors de disquet) i sovint donen més problemes dels que caldria esperar (fenomen d'autoretenció, rendiment baix, manca de rigidesa, desgast).

Molts dels enllaços prismàtics es materialitzen per mitjà de contactes lliscants gràcies a la seva simplicitat constructiva (calaixos de mobles, pestells de portes, tecles d'ordinador), però cada dia són més freqüents les màquines que incorporen components especialitzats que materialitzen el guiatge de translació per mitjà de contactes rodolants (anomenats genèricament *guies lineals*).

L'aspecte més rellevant en els enllaços prismàtics és el fenomen de l'autoretenció (o falcament) que es pot donar quan les forces externes aplicades sobre la part mòbil tenen un component descentrat en la direcció del moviment. Les forces de direcció perpendicular al moviment poden produir un augment de la resistència a l'avanç a causa de la fricció, però no l'autoretenció.

Els apartats que venen a continuació se centren en l'estudi del comportament dels enllaços prismàtics, especialment en la determinació de les condicions en què es produeix l'autoretenció i en l'avaluació del rendiment, aspectes que s'il·lustren amb diversos exemples.

Autoretenció (Figura 2.6)

Es dóna quan una força exterior aplicada sobre un membre d'una màquina és absorbida per una o més reaccions que incideixen dintre dels respectius cons d'adherència en els contactes i, per tant, no s'inicia el lliscament. Un augment del valor de la força sols provoca un creixement proporcional de les reaccions que, eventualment, poden arribar fins a la destrucció de l'enllaç.

Tothom té l'experiència del fenomen de l'*autoretenció* com un inconvenient (un calaix que s'encalla, una tecla que es bloqueja), però també pot ser útil per a dispositius antiretorn o en el bloqueig de determinades peces (Fig. 2.8b). El control correcte del fenomen de l'autoretenció en els enllaços prismàtics és un dels aspectes que donen més qualitat a les màquines i és l'objecte dels paràgrafs que vénen a continuació.

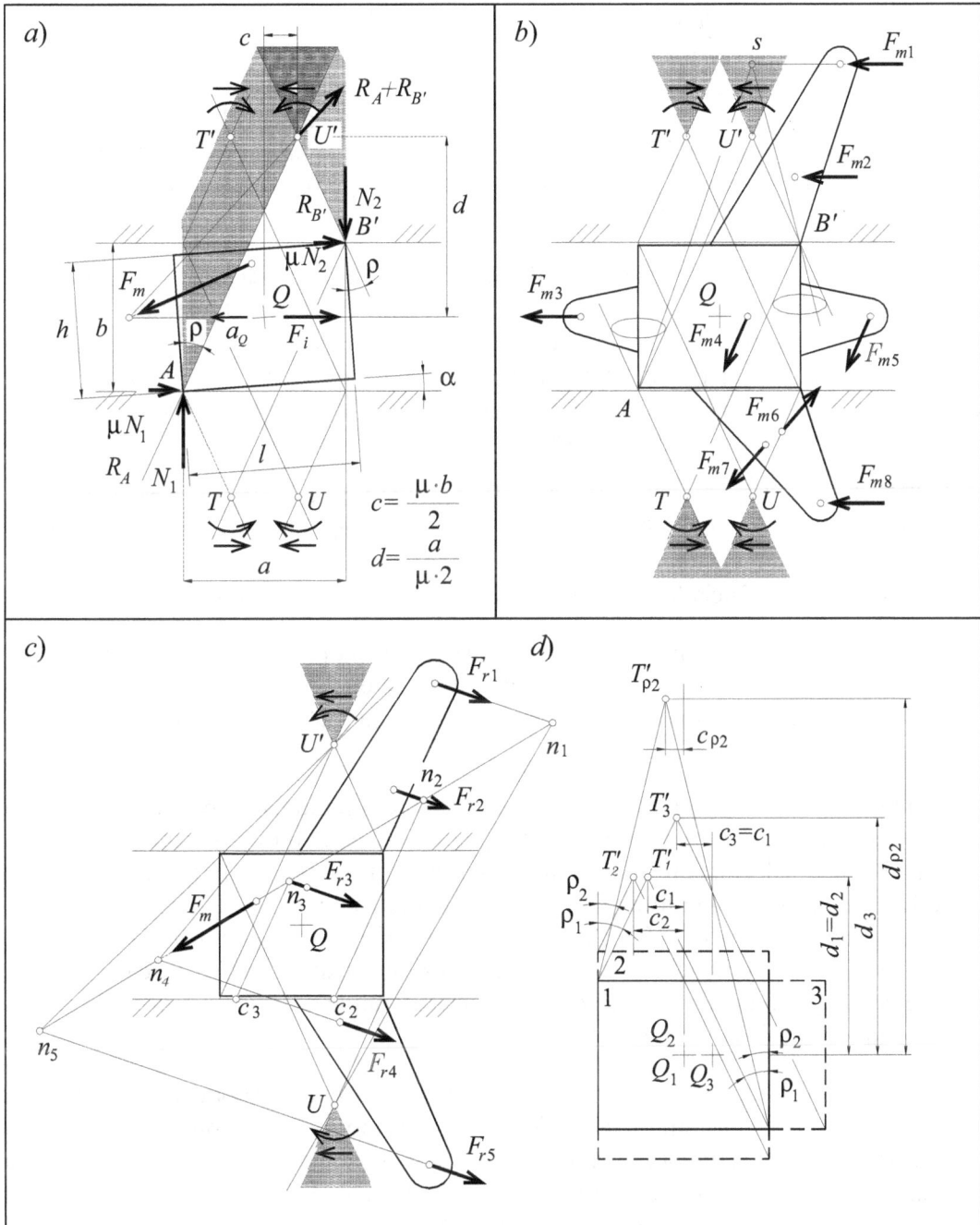

Figura 2.6 Autoretenció en un enllaç prismàtic: *a*) Geometria del contacte lliscant en l'enllaç prismàtic; *b*) Situació de la força motora i autoretenció; *c*) Equilibri entre una força motora i una força receptora; *d*) Paràmetres que influeixen en el fenomen d'autoretenció.

Es considera un bloc de longitud, *l*, i amplada, *h*, que llisca dintre d'una guia d'amplada, *b*, amb un petit joc (Figura 2.6a). Segons la direcció i sentit de la força motora, F_m, respecte al centre geomètric del bloc, *Q*, aquest s'entregirarà i tocarà pels extrems *A* i *B'* (tal com mostra la figura) o pels altres extrems *A'* i *B* (no assenyalats en la figura). A causa de l'entregirament, la longitud de guiatge, *a*, és lleugerament més curta que longitud del bloc, *l*, fet que amplifica l'efecte d'autoretenció, però, per a jocs petits (o angles *α* petits), aquesta diferència és negligible.

Quan hi ha lliscament, en funció de la direcció i sentit de la força motora, F_m, la suma de reaccions de contacte entre la guia i el bloc passa per un dels quatre punts *T*, *T'*, *U* o *U'* (denominats *punts d'autoretenció*; Figura 2.6a). Els paràmetres $c = \mu \cdot b/2$ i $d = a/(2 \cdot \mu)$ fixen la posició dels punts d'autoretenció respecte al centre geomètric del bloc, *Q*. Més enllà d'aquests punts, hi ha interferència entre els cons d'adherència en els punts de contacte (ombrejades en la Figura 2.6a i següents).

Si la línia d'acció d'una força motora, F_{m1} (Figura 2.6b), travessa la zona d'interferència corresponent al moviment i a l'entrgirament, té lloc l'autoretenció del bloc, ja que aquesta força s'equilibra directament amb dues reaccions de contacte que passen per l'interior dels dos cons d'adherència (direccions assenyalades en la Figura 2.6b).

En cas contrari, el bloc avança en el sentit marcat per la projecció de la força motora sobre la guia. El sistema de forces es pot equilibrar de dues maneres: o amb la força d'inèrcia fruit de l'acceleració del bloc (Figura 2.6a), o amb una força receptora, F_r, aplicada sobre el bloc (Figura 2.6c).

La figura 2.6b mostra diverses situacions de les forces motores en relació al fenomen d'autoretenció: les forces motores, F_{m1} i F_{m2}, en funció de la projecció sobre la direcció del moviment i del moment de bolcada sobre el punt, *Q*, prenen per referència en el punt d'autoretenció, *U'*, i la força F_{m1} produeix autoretenció mentre que la força F_{m2} no; les forces motores, F_{m4}, F_{m5}, F_{m7} i F_{m8}, prenen per referència el punt d'autoretenció, *U*, les forces F_{m5} i F_{m8} produeixen autoretenció i les dues restants no; la força, F_{m6}, pren pers referència el punt *T* i produeix autoretenció; finalment, la força F_{m3} no produeix bolcada en cap sentit, ni tampoc autoretenció.

La figura 2.6c mostra l'equilibri entre una força motora que no produeix autoretenció, F_m, i diverses forces receptores, F_{r1} a F_{r5}; a continuació es mostra que, en cap cas, la combinació de la força motora i la força receptora dóna lloc a autoretenció. En efecte, la bolcada induïda per les forces receptores, F_{r4} i F_{r5} correspon al punt d'autorretenció, *U'*, i la força equilibradora passa per fora de la zona d'interferència dels cons d'adherència. Les forces receptores, F_{r2} i F_{r3}, obliguen el bloc a tocar per un sol costat i la reacció de contacte passa pels punts c_2 i c_3 sobre la base inferior. Finalment, la força receptora, F_{r1}, inverteix la bolcada de la força motora F_m i el punt d'autoretenció és *U*; la força equilibradora passa novament per fora de la zona d'interferència.

En resum: en un enllaç prismàtic amb una força motora i una força receptora aplicades, és sempre la força motora la que determina si es dóna o no la condició d'autoretenció, independentment de la força receptora. Si els papers de la força motora i la força receptora s'intercanvien, la nova força motora és la que determina la condició d'autoretenció (per exemple: les dues forces receptores, F_{r1} i F_{r5}, de la figura 2.6c, actuant com a motores, provocarien autoretenció).

Per completar aquest estudi, cal analitzar la influència dels diferents paràmetres sobre la geometria del fenomen de l'autoretenció (Figura 2.6d). Com més allunyats estan els punts d'autoretenció de la línia mitjana de la guia (paràmetre d), menys probable és el fenomen d'autoretenció. El paràmetre d és proporcional a la longitud de la guia, a (si s'augmenta la llargada de la guia, s'allunya la possibilitat d'autoretenció), i inversament proporcional al coeficient de fricció (el contacte rodolant allunya molt la possibilitat d'autoretenció). L'amplada de guiatge, b, tan sols influeix de forma determinant en l'autoretenció quan es dóna la relació $a < \mu.b$ (calaix curt i ample).

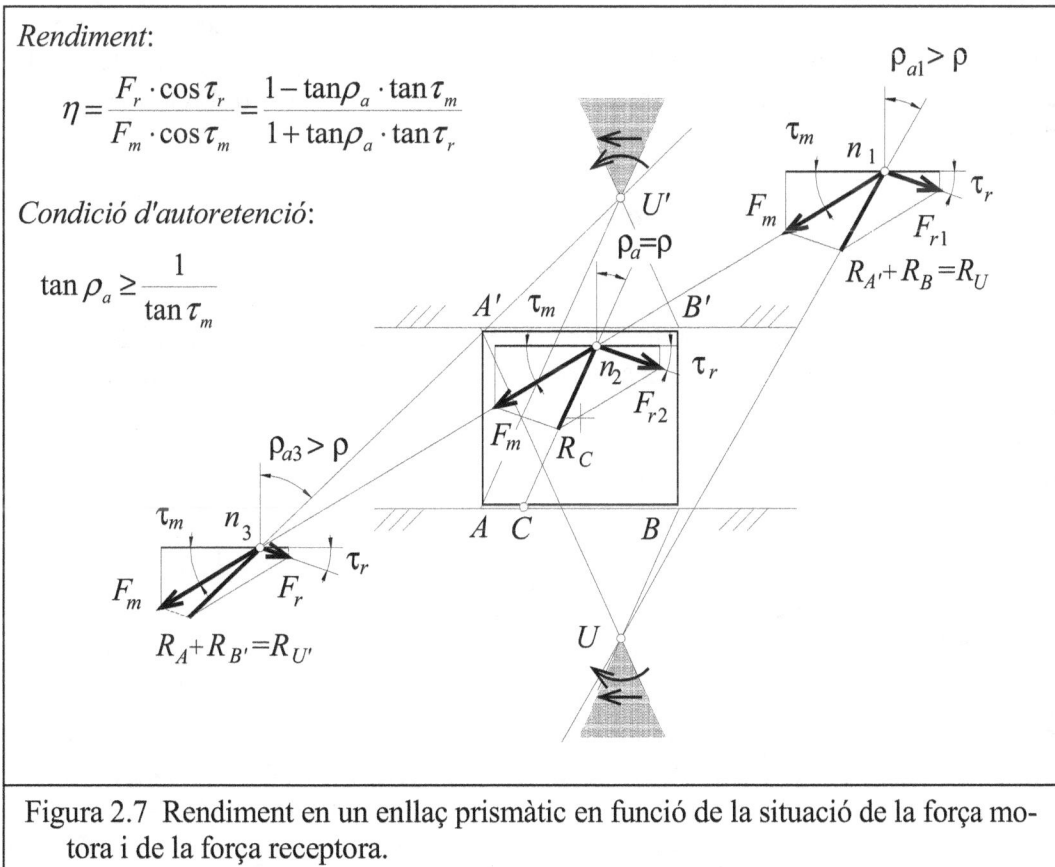

Rendiment:

$$\eta = \frac{F_r \cdot \cos\tau_r}{F_m \cdot \cos\tau_m} = \frac{1 - \tan\rho_a \cdot \tan\tau_m}{1 + \tan\rho_a \cdot \tan\tau_r}$$

Condició d'autoretenció:

$$\tan\rho_a \geq \frac{1}{\tan\tau_m}$$

Figura 2.7 Rendiment en un enllaç prismàtic en funció de la situació de la força motora i de la força receptora.

Rendiment en un enllaç prismàtic

El *rendiment* d'un enllaç prismàtic es calcula com el quocient entre les projeccions de les forces motora, F_m, i receptora, F_r, sobre la direcció de la guia, ja que les velocitats dels punts d'aplicació són les mateixes. La fórmula del rendiment (vegeu la Figura 2.7) fa intervenir els angles de transmissió de les forces motora, τ_m, i receptora, τ_r (determinats per les direccions de la força i la del moviment quan aquest és obligat), així com l'angle de fricció aparent, μ_a. La relació entre els mòduls de les forces motora i receptora s'obté aplicant el teorema dels sinus al triangle que formen amb la seva suma.

Quan la força motora i la força receptora es composen en una zona pròxima al centre de la corredora, el contacte s'estableix en un sol flanc de l'enllaç (punt de contacte, C, angle de fricció, ρ, i reacció de contacte, R_C, per a la força receptora F_{r2}; Figura 2.7) mentre que, quan se n'allunya, la suma de forces de contacte passa pels punts d'autoretenció (punt U, angle de fricció aparent, ρ_{a1}, reaccions de contacte $R_A{+}R_B$, per a la força receptora F_{r1}; punt U', angle de fricció aparent, ρ_{a3}, reaccions de contacte $R_A{+}R_{B'}$, per a la força receptora F_{r3}; Figura 2.7).

S'observa que, per a unes mateixes forces motora i resistent, el rendiment canvia amb la situació del punt d'intersecció de les dues línies d'acció i empitjora quan l'angle de fricció aparent, ρ_a, és major que l'angle de fricció real, ρ. La condició d'autoretenció surt d'igualar el numerador a zero.

Exemple 2.3: Bloqueig d'una tecla d'ordinador

Enunciat

La figura 2.8a mostra una disposició habitual d'una tecla d'ordinador en què la llargada de la guia és de $a=6$ mm i la seva amplada de $b=4$ mm, essent la dimensió de la tecla de $s=20$ mm. Inicialment, aquesta tecla va bé, però després d'un temps de funcionament, s'encalla quan se la pitja descentradament per l'extrem. Es demana: *a*) La interpretació del fenomen; *b*) Les correccions en el disseny que caldria fer.

Resposta

a) Inicialment no hi ha autoretenció en la tecla perquè la distància dels punts d'autoretenció a l'eix de la guia, $d=a/(2{\cdot}\mu)$, ($d=15$ mm, amb $\mu=0.2$) és més gran de la meitat de la tecla, $s/2=10$ mm; però, si amb el desgast de les superfícies, el coeficient de fricció creix per damunt de $\mu=0{,}3$, es produeix autoretenció.

b) El problema es pot atacar des de dos flancs: O bé es canvien els materials en contacte buscant un coeficient de fricció més allunyat del d'autoretenció; o bé es modifica la geometria. Intervenint sobre aquest segon aspecte, la manera més eficaç és allargant la guia fins a, per exemple, $a=12$ mm (Figura 2.8a inferior).

Exemple 2.4: *Mecanisme que autoreté la càrrega*

Enunciat

La figura 2.8b mostra una corredora que té aplicada una força desplaçada a través d'un cable i un pes per mitjà d'un reenviament. Es demana: *a*) Expliqueu el funcionament del mecanisme; *b*) Establiu la condició perquè sigui irreversible.

Resposta

a) Tal com està representat, el cilindre d'accionament sempre és capaç de moure la corredora, ja que actua centrat amb les guies. Però quan deixa d'actuar, el pes es transforma en força motora i tendeix a moure la corredora, però la seva línia d'acció cau més enllà del punt d'autoretenció i el moviment no és possible.

b) La condició perquè el mecanisme sigui irreversible (o sigui que l'acció del pes provoqui autoretenció) és que $d = a/(2 \cdot \mu) \geq BC$.

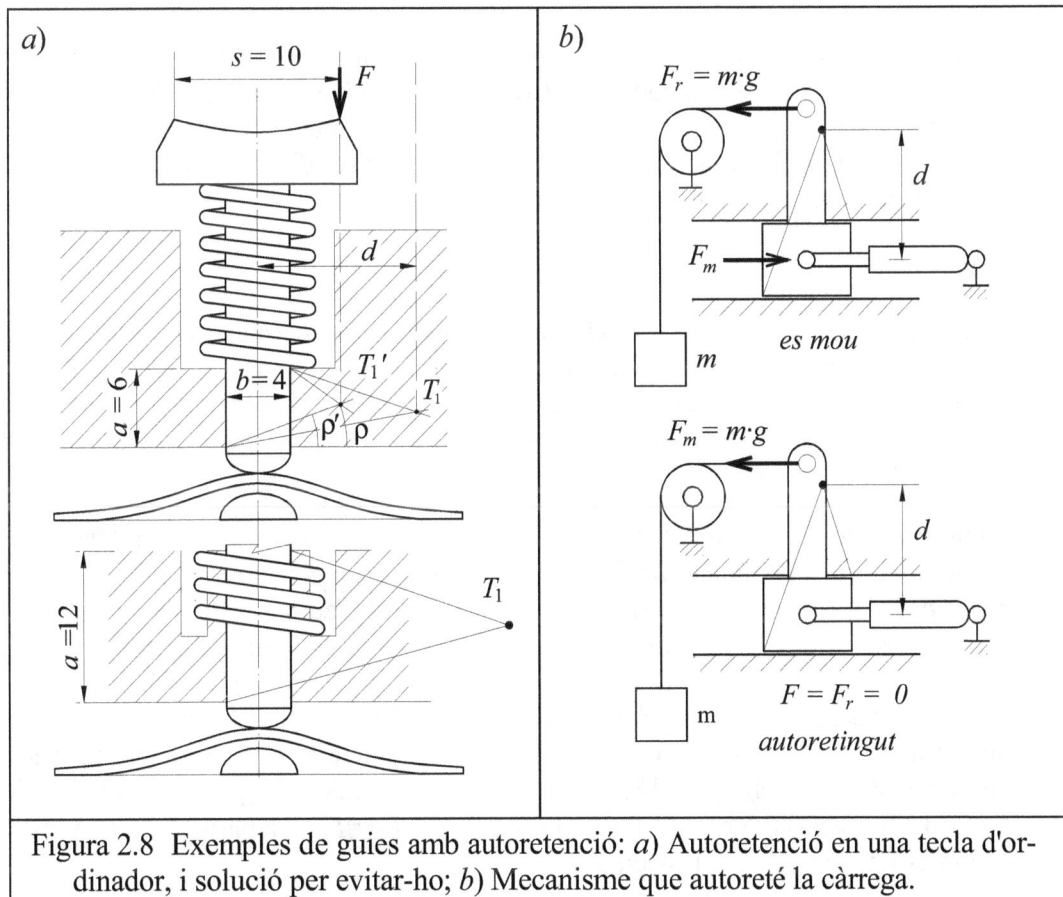

Figura 2.8 Exemples de guies amb autoretenció: *a*) Autoretenció en una tecla d'ordinador, i solució per evitar-ho; *b*) Mecanisme que autoreté la càrrega.

Exemple 2.5: Frec en una junta d'Oldham

Enunciat

La junta d'Oldham és una transmissió entre dos eixos encarats que permet una certa desalineació lateral (excentricitat, *e*), mantenint en tot moment una relació de transmissió unitat entre els eixos d'entrada i sortida. Es composa de tres membres: els dos extrems, amb unes ranures diametrals, estan units als eixos d'entrada i de sortida de la transmissió, mentre que el tercer, situat entre els altres dos, enllaça amb ells per mitjà de dues pestanyes sortints, una a cada costat i perpendiculars entre si, disposades també diametralment, que formen uns enllaços prismàtics amb les ranures dels altres dos membres.

Les dimensions de la junta Oldham (representada a la Figura 2.9a) són: Diàmetre exterior del tres membres, $D=40$ mm; Amplada de les guies, $b=14$ mm. I els paràmetres de funcionament són: Parell motor, $M_1=8$ N·m; Excentricitat entre els eixos, $e=15$ mm; Coeficient de fricció de $\mu=0,325$. El moviment de les peces entre si fa que la longitud de contacte dels enllaços prismàtics variï contínuament.

Es demana: *a*) Establiu el diagrama de cos lliure dels tres membres i determineu les forces que es transmeten en els anllaços; *b*) Condició per evitar l'autoretenció; *c*) Rendiment instantani per a la posició de la Figura 2.9; *d*) Complementàriament, també es suggereix d'establir el diagrama de cos lliure per als membres d'aquest mecanisme en el cas que no hi hagi frec.

Resposta

Aquest és un mecanisme tridimensional que no té un pla de simetria i, per tant, hi haurà reaccions que tendiran a moure els membres fora del moviment pla. L'estudi que es realitza a continuació projecta totes les forces en el pla i estudia el mecanisme com si fos dinàmicament pla. Quedaria per analitzar les forces i parells transversals i la determinació de com se suporten.

a)   En base a la posició del mecanisme i a la geometria mostrada a la Figura 2.9a, i conegut el valor del coeficient de fricció, μ, es determinen els extrems dels contactes en els dos enllaços prismàtics (R, R', S i S') i els punts d'autoretenció (per a l'aplicació interessen U i U'). L'equilibri del membre 2 s'estableix entre les reaccions de contacte amb els membres 1 i 3 (F_{12} i F_{32}, úniques forces aplicades sobre el membre 2) que passen pels punts d'autoretenció, U i U', essent la direcció UU' la de la línia d'acció comuna. Traslladant les reaccions als membres 1 i 3, determinen les distàncies $d_1=33,3$ mm i $d_3=18,5$ mm (Figures 2.9b i 2.9d). El parell motor, $M_1=8$ N·m, i la distància, s_1, permeten calcular les forces $F_{21}=F_{01}$ i, a partir d'elles, la resta de forces i de moments del sistema.

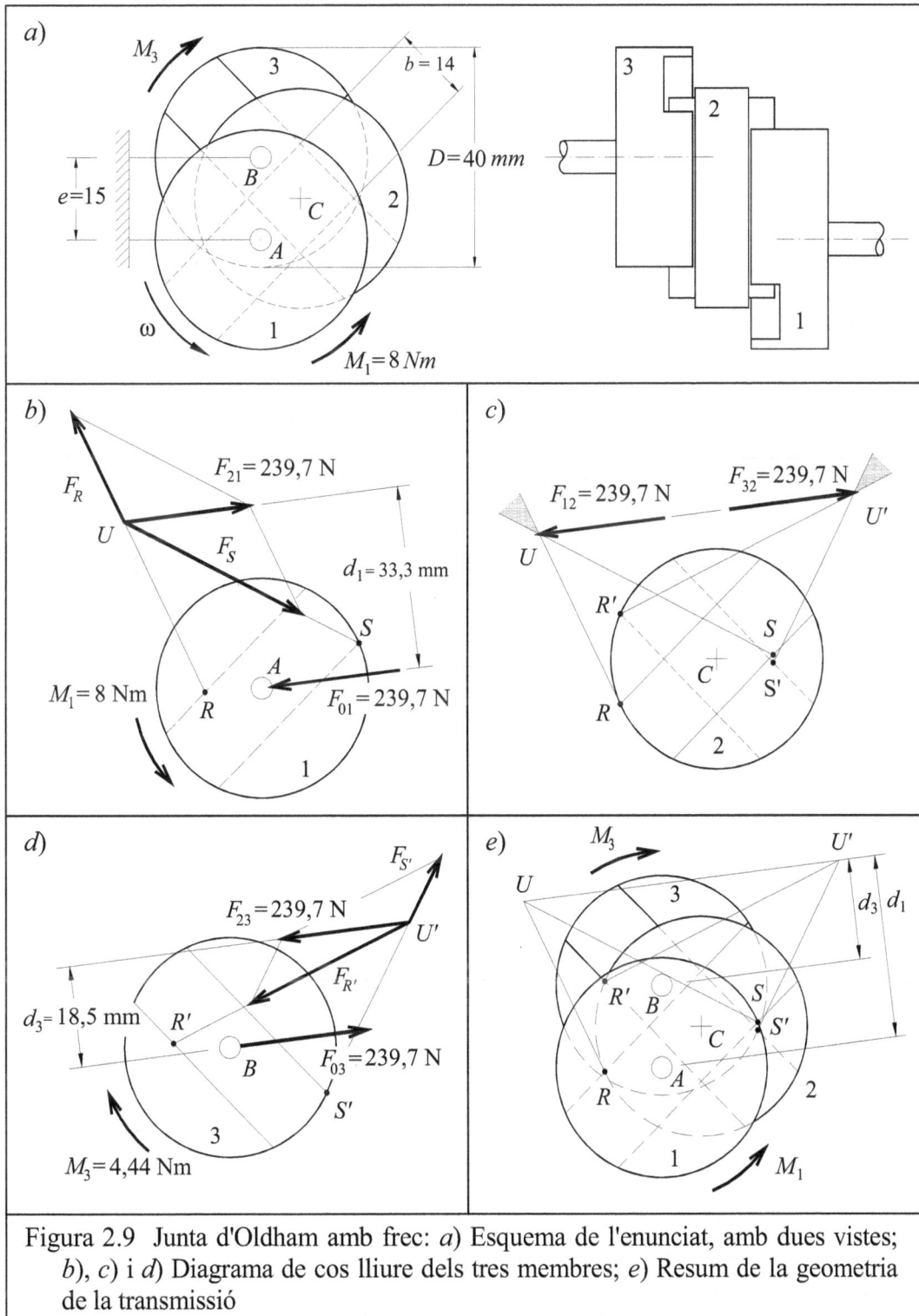

Figura 2.9 Junta d'Oldham amb frec: *a*) Esquema de l'enunciat, amb dues vistes; *b*), *c*) i *d*) Diagrama de cos lliure dels tres membres; *e*) Resum de la geometria de la transmissió

b) La condició per evitar l'autoretenció és que la línia UU' no passi per la zona d'intersecció dels cons d'adherència (Figura 2.9c). El perill d'autoretenció augmenta quan creix la relació entre l'excentricitat i el diàmetre de la junta (e/D)

c) El rendiment instantani, per a aquesta posició (la geometria dels contactes varia continuament amb la rotació del mecanisme), s'obté a partir del quocient entre el parell receptor i el parell motor (cal tenir present que les velocitats dels dos eixos és la mateixa): $\eta = M_3/M_1 = 4{,}44/8{,}00 = 0{,}553$ (55,3%).

d) La Figura 2.10 mostra el diagrama de cos lliure de la junta d'Oldham en el cas que no hi hagués frec. Totes les forces de contacte són normals i el rendiment resultant és la unitat.

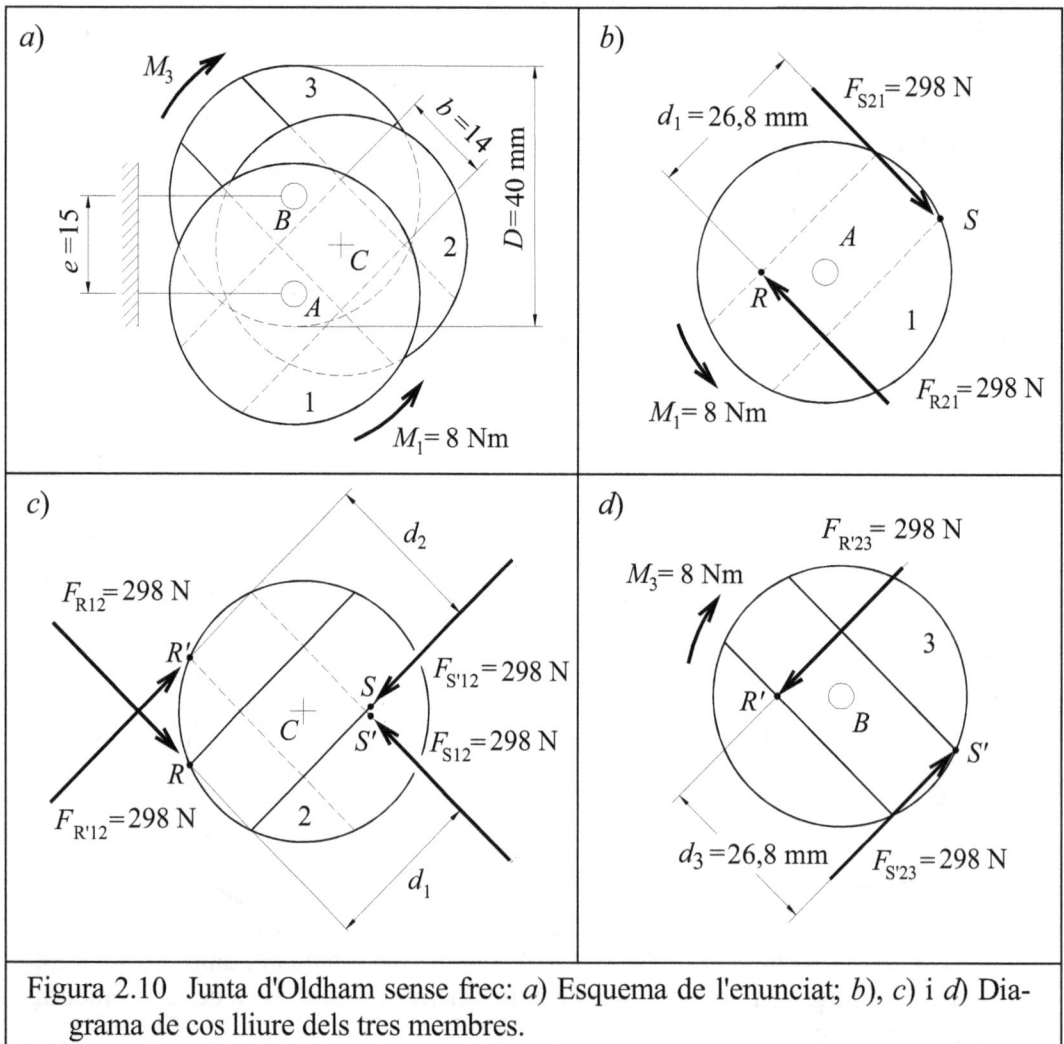

Figura 2.10   Junta d'Oldham sense frec: *a)* Esquema de l'enunciat; *b)*, *c)* i *d)* Diagrama de cos lliure dels tres membres.

2.4 Frec en enllaços helicoïdals

L'aplicació més freqüent del parell helicoïdal a les màquines correspon a les *unions ros-cades*, usades com a principals sistemes d'unió desmuntables d'elevada resistència, tot i que també s'aplica en les *transmissions de cargol femella* (amb contacte lliscant) i de forma creixent en les *transmissions de cargol de boles* (amb contacte rodolant), (Figura 2.11a). La *transmissió de cargol cremallera* (Figura 2.11b, possible però poc freqüent) i l'*engranatge de vis sens fi* (Figura 2.11c, molt utilitzat) tenen un comportament sem-blant al de la *transmissió de cargol femella*, al conjunt de les quals es denomina *trans-missions d'hèlice* (variant de les de pla inclinat).

El frec en els parells helicoïdals incideix especialment en aspectes que cal controlar adequadament per assegurar algunes de les seves principals funcions: en les unions car-golades per assegurar l'autoretenció (evitar que es descargolin espontàniament) i, en les transmissions de pla inclinat, per limitar la pèrdua de rendiment que pot arribar a ser molt important.

Forces en una enllaç helicoïdal

Els dispositius i mecanismes amb un enllaç helicoïdal (on el membre interior se sol anomenar cargol i, l'exterior, femella) poden presentar diversos modes de funciona-ment, com ara: *a*) El cargol gira i alhora avança mentre la femella és fixa (cargol d'unió sobre una peça); *b*) El cargol, retingut axialment, gira i fa avançar la femella amb el gir impedit (transmissió més usual de cargol femella, o de cargol de boles); *c*) La femella retinguda axialment gira i fa avançar un cargol amb el gir impedit (puntals de construc-ció); *d*) La femella gira i avança respecte d'un cargol fix (determinats muntatges de car-gol de boles, per evitar les velocitats crítiques). En la resta d'aquesta Secció es prendrà com a referència el segon mode de funcionament (transmissió de cargol femella), els resultats del qual són també aplicables als restants modes de funcionament.

La Figura 2.12 mostra els diferencials de les forces que actuen sobre un element d'un filet helicoïdal. Malgrat que aquestes forces s'estenen al llarg de diverses voltes d'hèlice, els seus efectes es poden acumular en un punt de contacte C del filet situat en el diàme-tre mitjà de la rosca. Definits uns eixos cartesians $Oxyz$ segons les direccions tangent, radial i axial, la tangent al filet en el punt de contacte C (recta t) forma un angle d'hèlice, γ, amb la direcció Ox. Si el filet és de secció triangular o trapezial, la força normal F_N es troba en el pla π_n que forma un angle α (angle del filet) amb el pla tangent π i origina una força de fricció $\mu \cdot F_N$ segons la direcció de la tangent t. La força de contacte, F_C, resulta de la composició de les forces normal i de fricció.

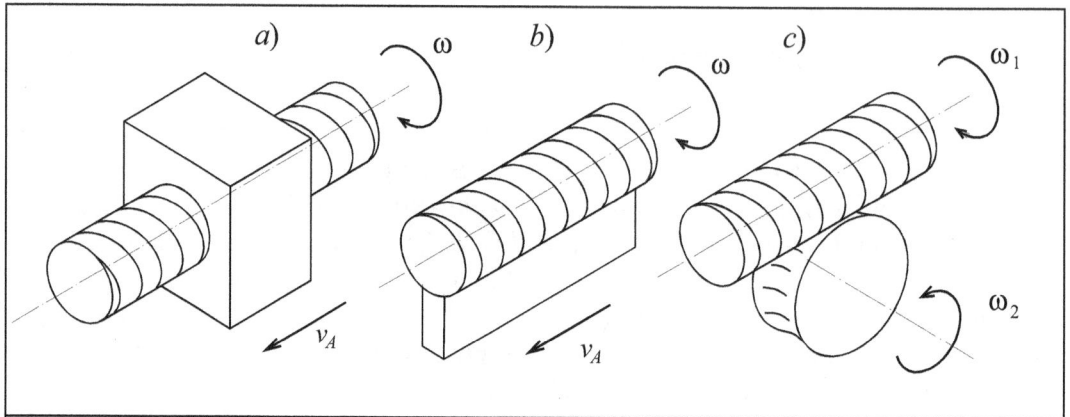

Figura 2.11 Transmissions helicoïdals: *a*) Transmissió de cargol femella; *b*) Transmissió de cargol cremallera; *c*) Transmissió de vis sens fi.

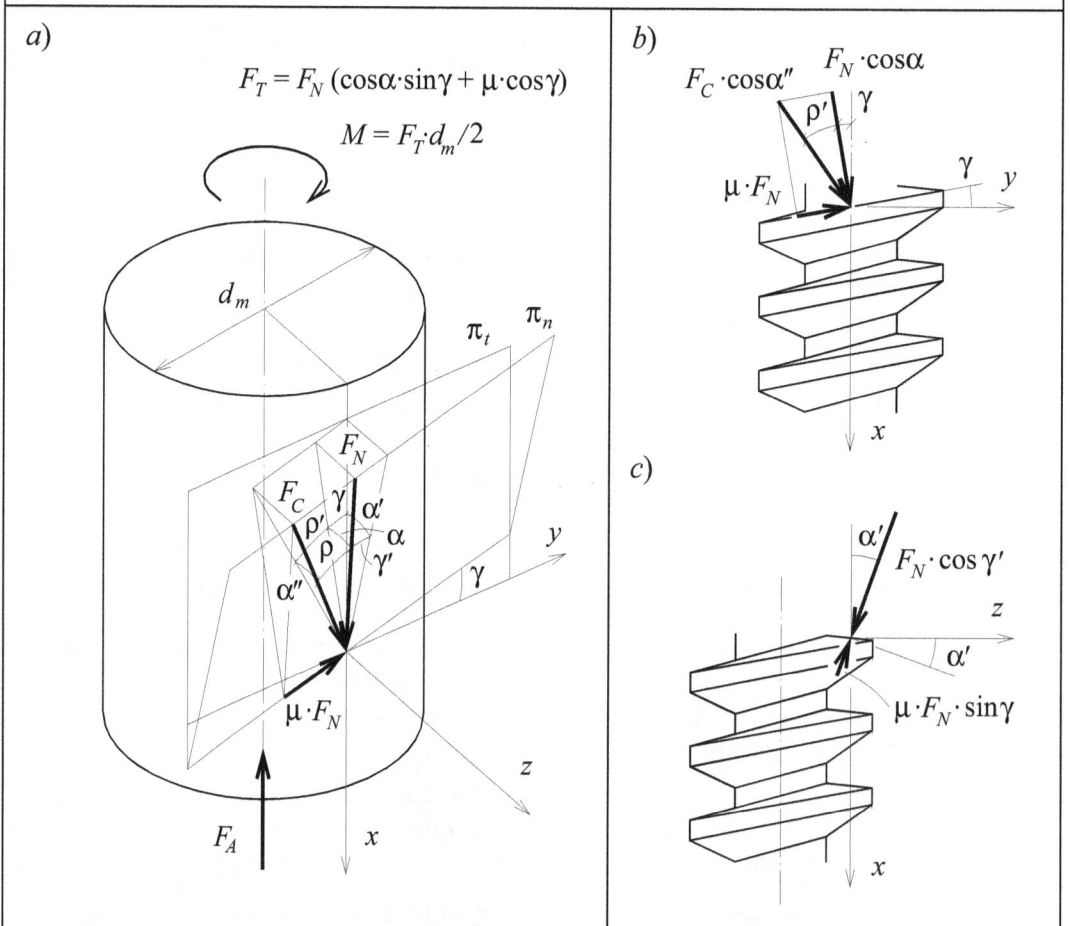

$$F_T = F_N \, (\cos\alpha \cdot \sin\gamma + \mu \cdot \cos\gamma)$$

$$M = F_T \cdot d_m / 2$$

Figura 2.12 *a*) Esquema de l'equilibri de forces en el filet d'una rosca; *b*) Projecció en el pla *Oxz*; *c*) Projecció en el pla *Oyz*.

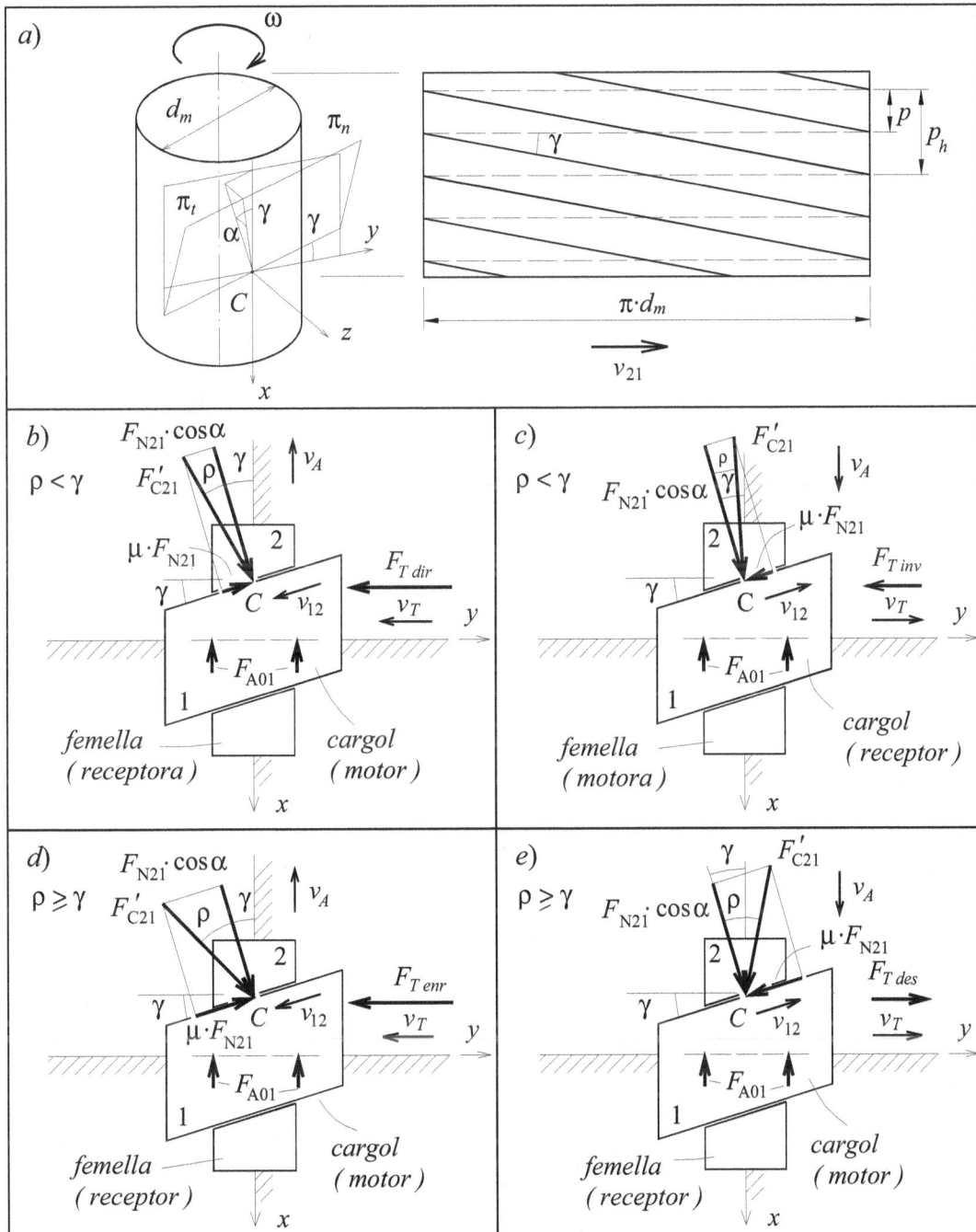

Figura 2.13 Modelització d'un parell helicoïdal: *a*) Desplegament del cilindre de la rosca (cargol o femella); *b*) i *c*) Forces sobre el cargol quan fa de motor (transmissió directe) o de receptor (transmissió inversa) en cas de reversibilitat; *d*) i *e*) Forces sobre el cargol en l'enroscament i desenroscament en cas d'irreversibilitat.

Les projeccions de la força de contacte, F_C, tenint en compte els seus efectes al llarg de tota l'hèlice de la rosca, signifiquen: *a*) Sobre l'eix Oy és el component tangencial F_T, que equilibra el parell exterior; *b*) Sobre l'eix Ox, és el component axial F_A suportat per la cabota o una determinada valona del cargol, o el rodament de l'extrem del cargol de boles; *c*) I, sobre l'eix Oz, és el component radial, dirigit vers l'eix del cargol, i que té una resultant nul·la al llarg de tota la rosca (en el cas de la transmissió de rosca cremallera o de l'engranatge de vis sens fi, aquest component no s'anul·la i cal tenir-lo en compte, ja que tendeix a separar els elements de la transmissió).

Model simplificat de rosca

Per a facilitar la comprensió de les relacions cinemàtiques i dels equilibris de forces en un enllaç helicoïdal, s'estableix el següent model simplificat (Figura 2.13):

a) En primer lloc, es talla el cilindre mitjà de la rosca (diàmetre d_m) per una generatriu i es desplega (Figura 2.13a). D'aquesta manera les hèlices es transformen en línies rectes inclinades amb l'angle d'hèlice, γ. La figura mostra la diferència entre el *pas helicoïdal*, p_h (distància axial recorreguda per un filet en una volta completa), i el *pas* (o *pas aparent*), p (distància axial d'un filet al següent), que es relacionen a través del *nombre de filets* (o entrades de rosca), z:

$$p_h = z \cdot p \tag{14}$$

L'angle d'hèlice, γ, és funció dels anteriors paràmetres:

$$\tan \gamma = \frac{z \cdot p}{\pi \cdot d_m} \tag{15}$$

b) En segon lloc, partint de la figura anterior, l'enllaç helicoïdal es modelitza per mitjà d'un pla inclinat on el membre que representa el cargol es desplaça horitzontalment (moviment tangencial) amb el moviment vertical impedit (bloqueig del moviment axial), mentre que la femella es desplaça verticalment (desplaçament axial) amb el moviment horitzontal impedit (bloqueig del gir).

c) Finalment, per simplificar les Figures 2.13b, 2.13c, 2.13d i 2.13e tan sols s'han representat les forces que intervenen en l'equilibri del cargol projectades sobre el pla tangent Oxy: *a*) Força tangencial, F_T (que multiplicada pel radi mitjà de la rosca, $d_m/2$, equival al parell exterior sobre la rosca, M_R); *b*) Reacció de la base, F_{A01} (impedeix el moviment axial del cargol: collarí en els cargols, rodament axial en els cargols de boles); *c*) Força normal projectada sobre el pla π, $F_{N21} \cdot \cos\alpha$; *d*) I, força de contacte del filet de la femella sobre el del cargol, F'_{C21}, suma de la força normal projectada i de la força de fricció, $\mu \cdot F_{N21}$.

Transmissió de forces en l'enllaç helicoïdal

A continuació s'estudia la transmissió de forces en l'enllaç helicoïdal, amb presència de frec, per mitjà de l'equilibri de forces del membre que gira tant en la transmissió directa (on és motor) com en la transmissió inversa (on és receptor):

Transmissió directe
Partint de la força de fricció assenyalada a la Figura 2.13b, $\mu \cdot F_{N21}$ (de sentit contrari a la velocitat relativa v_{12}), l'equilibri de forces en transmissió directa del membre que gira, expressat segons les direccions Oy i Ox, proporciona les següents equacions:

$$\begin{aligned} -F_{Tdir} &= F_{N21} \cdot \cos\alpha \cdot \sin\gamma + \mu \cdot F_{N21} \cdot \cos\gamma \\ -F_{A01} &= F_{N21} \cdot \cos\alpha \cdot \cos\gamma - \mu \cdot F_{N21} \cdot \sin\gamma \end{aligned} \tag{16}$$

La relació entre la força tangencial, F_{Tdir} (motora), i la reacció axial, F_{A01}, és:

$$\frac{F_{Tdir}}{F_{A01}} = \frac{\cos\alpha \cdot \mathrm{sen}\,\gamma + \mu \cdot \cos\gamma}{\cos\alpha \cdot \cos\gamma - \mu \cdot \mathrm{sen}\,\gamma} = \frac{\tan\gamma + (\mu/\cos\alpha)}{1 - (\mu/\cos\alpha) \cdot \tan\gamma} \tag{17}$$

Definint un nou coeficient de fricció que té en compte l'efecte de l'angle del filet, α, en les rosques triangulars i trapezials ($\mu' = \mu/\cos\alpha = \tan\rho'$), s'obté:

$$\frac{F_{Tdir}}{F_{A01}} = \frac{\tan\gamma + \tan\rho'}{1 - \tan\gamma \cdot \tan\rho'} = \tan(\gamma + \rho') \tag{18}$$

Transmissió inversa
La velocitat relativa en el contacte, v_{12}, s'inverteix i, en conseqüència, el sentit de la força de fricció, $\mu \cdot F_{N21}$, també canvia (Figura 2.13c). Introduint el canvi de signe en els termes afectats de μ de les equacions (29), la nova relació entre la força tangencial, F_{Tinv} (ara receptora), i la reacció axial, F_{A01}, és:

$$\frac{F_{Tinv}}{F_{A01}} = \frac{\tan\gamma \cdot \tan\rho'}{1 + \tan\gamma \cdot \tan\rho'} = \tan(\gamma - \rho') \tag{19}$$

Rendiment

En l'estudi de l'enllaç helicoïdal, cal distingir entre el *rendiment directe*, η_{dir} (el membre que gira és motor) i el *rendiment invers*, η_{inv} (el membre que es desplaça és motor). Per mitjà d'una senzilla consideració cinemàtica, tant en un cas com en l'altre s'obté la relació, i_{TA}, entre la velocitat tangencial del punt mitjà del filet del membre que gira, v_T, i la velocitat axial del membre que es desplaça, v_A:

$$i_{TA} = \frac{v_T}{v_A} = \frac{1}{\tan\gamma} \tag{20}$$

Rendiment directe, η_{dir}

Quocient entre la potència rebuda per l'element que es desplaça i la potència proporcionada pel membre que gira (motor) que, expressat en termes de força i de velocitat (relació de forces de l'equació 18 i relació de velocitats de l'equació 20), dóna:

$$\eta_{dir} = \frac{F_A \cdot v_A}{F_{Te} \cdot v_T} = \frac{\tan\gamma}{\tan(\gamma+\rho')} \tag{21}$$

Rendiment invers, η_{inv}

Quocient entre la potència rebuda per l'element que gira i la potència proporcionada per l'element que es desplaça (motor) que, expressat en termes de força i de velocitat (relació de forces de l'equació 19 i relació de velocitats de l'equació 20), dóna:

$$\eta_{inv} = \frac{F_{Td} \cdot v_T}{F_A \cdot v_A} = \frac{\tan(\gamma-\rho')}{\tan\gamma} \tag{22}$$

Irreversibilitat i autoretenció

Condició d'irreversibilitat

L'anàlisi dels resultats anteriors (transmissió de forces i rendiment) mostren que la transmissió directa sempre és possible, mentre que la transmissió inversa (empènyer axialment la femella per fer girar el cargol) no sempre ho és. En efecte, si l'angle de fricció és més gran que l'angle d'hèlice ($\rho'>\gamma$, o *condició d'irreversibilitat*), el rendiment invers resulta negatiu i es requeriria una força tangencial en el sentit del moviment sobre el membre que gira (per tant, també esdevindria motor, quan li correspon ser receptor). Així, doncs, en absència d'una acció sobre el membre que gira, hi ha autoretenció en la transmissió inversa. Atès que entre el coeficient de fricció i el límit d'adherència hi ha una zona d'indeterminació, la pràctica recomana allunyar-se de la condició límit ($\rho'=\gamma$) per facilitar el moviment ($\rho'<\gamma$), o per assegurar l'autoretenció ($\rho'>\gamma$) en la transmissió inversa.

Moviment directe i moviment invers en enllaços helicoïdals irreversibles

S'ha vist que, quan l'enllaç helicoïdal és irreversible, el sistema queda autoretingut en intentar la transmissió inversa (Figura 2.13d). Tanmateix, és possible invertir el moviment del mecanisme aplicant un parell a l'element que gira en aquest sentit; aleshores tant l'element que gira com el que es desplaça esdevenen motors (Figura 2.13e) i tota la potència es dissipa en la fricció que té lloc en el contacte.

Relació entre el rendiment directe i el rendiment invers

Com més baix és el rendiment directe d'una transmissió helicoïdal més probabilitats hi ha que el rendiment invers sigui nul o negatiu i es produeixi autoretenció. La Figura 2.14 mostra gràficament la variació del rendiment directe i el rendiment invers en funció de l'angle d'hèlice, γ, i del coeficient de fricció, μ'.

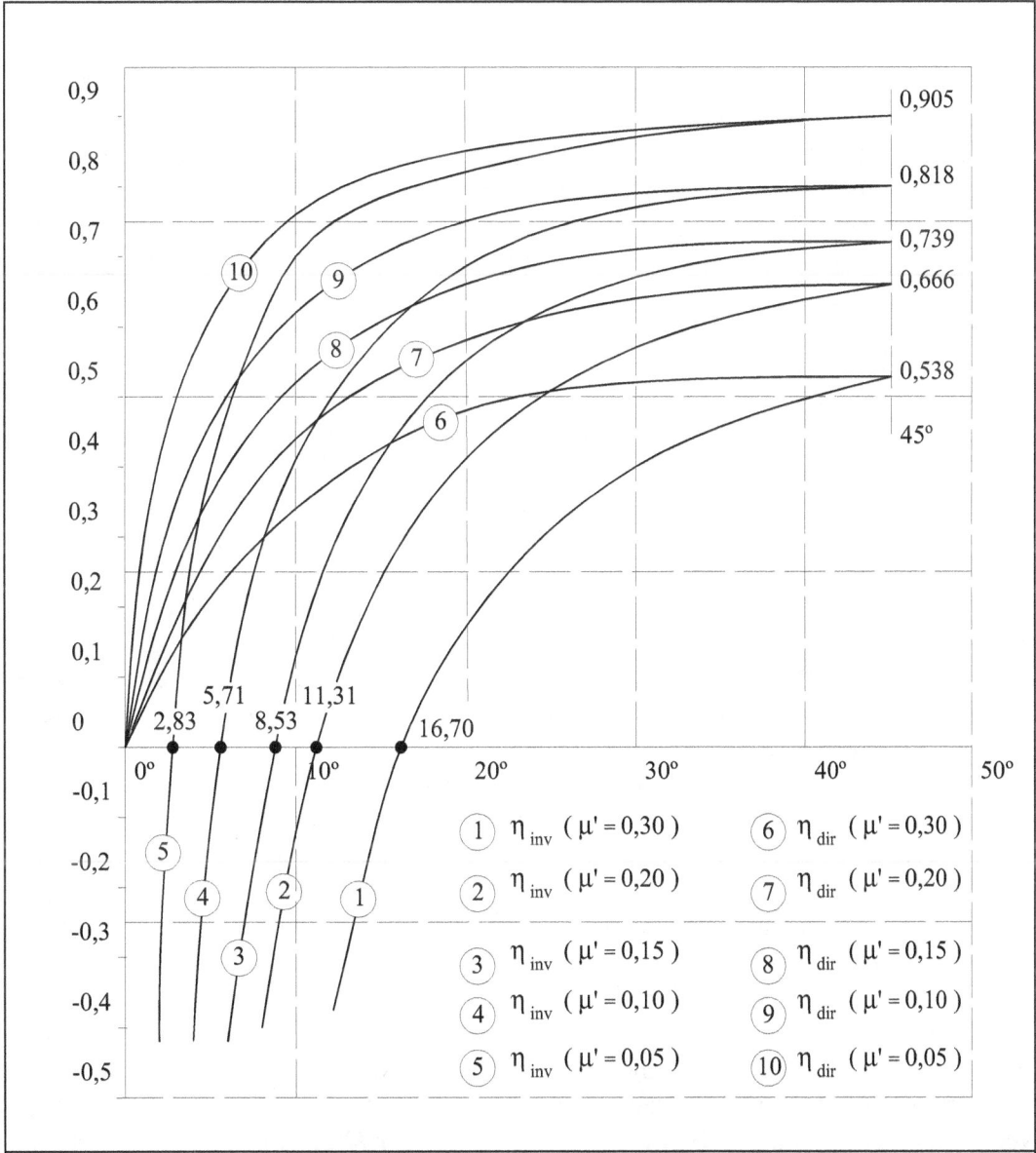

Figura 2.14 Variació del rendiment directe i del rendiment invers en funció de l'angle d'hèlice, γ, i del coeficent de fricció, μ'.

Aplicacions de l'enllaç helicoïdal

L'anàlisi dels paràmetres que intervenen en el comportament d'un enllaç helicoïdal i, de forma molt destacada, en el seu rendiment, aporta un coneixement molt valuós en el moment de seleccionar i dissenyar les seves aplicacions.

L'enllaç helicoïdal s'aplica en tres camps diferenciats:

a) *Unions cargolades de fixació*

En aquestes aplicacions es busca que hi hagi una forta autoretenció del mecanisme o, dit en altres paraules, que el rendiment invers sigui suficientment negatiu. Per això cal que l'angle de fricció, ρ', sigui més gran que l'angle d'hèlice, γ, efecte que s'aconsegueix per dues vies: a) Fent el pas petit en relació al diàmetre de la rosca; b) Augmentant l'angle aparent de fricció, ρ', per mitjà de seccions triangulars o trapezials (no quadrats o rectangulars) del filet, gràcies a la influència de l'angle del filet, α.

b) *Transmissions de cargol-femella amb autoretenció*

En aquestes aplicacions, es busca alhora una transmissió amb autoretenció (per evitar sistemes de fre complementaris en el receptor), i que el rendiment directe sigui el més elevat possible.

Això s'aconsegueix amb rosques de fricció de secció quadrada i materials de coeficient de fricció relativament baix ($\mu' \leq 0,1$ si és possible) i triant un angle d'hèlice una mica inferior a l'angle de fricció, ρ'.

c) *Transmissions reversibles (normalment de cargol de boles)*

En aquestes aplicacions, s'evita l'autoretenció (aspecte important quan cal desaccelerar masses amb el motor actuant com a fre) i es busca que tant el rendiment directe com el rendiment invers siguin elevats.

Això s'aconsegueix fonamentalment per mitjà de dues vies: a) Fent el pas d'hèlice gran en relació al diàmetre mitjà de la rosca (diàmetre mitjà de la rosca petit, o rosques de diverses entrades: $z = 2$, 3 o 4); b) Disminuint el coeficient de fricció: secció quadrada del filet, en les rosques de fricció; interposició de boles, en els cargols de boles (en general, amb el contacte rodolant, els rendiments directe i invers resulten molt elevats).

Els enllaços helicoïdals busquen, doncs, tres efectes: Assegurar l'autoretenció (unions cargolades), transmetre un moviment irreversible amb un bon rendiment directe (transmissions de cargol femella), o transmetre un moviment reversible angular lineal o viceversa (transmissions de cargols de bola). Per a obtenir aquests efectes el disseny d'aquests mecanismes juga fonamentalment amb els següents paràmetres: d_m, diàmetre mitjà de la rosca; p, pas; z, nombre de filets; i, μ', coeficient de fricció.

Exemple 2.6: Estudi de l'autoretenció en cargols d'unió

Enunciat

Donats els següents paràmetres de dos cargols d'unió:
1. Rosca normal (M8). Diàmetre mitjà: $d_m=7{,}188$ mm; Pas: $p=1{,}25$ mm; Angle de filet: $2 \cdot \alpha = 60°$; Nombre de filets: $z=1$
2. Rosca fina (M16). Diàmetre mitjà: $d_m=15{,}026$ mm; Pas: $p=1{,}5$ mm; Angle de filet: $2 \cdot \alpha = 60°$; Nombre de filets: $z=1$

Es demana el grau d'autoretenció d'aquests dos cargols suposant un coeficient de fricció entre els materials de $\mu=0{,}25$.

Resposta

Una de les maneres d'avaluar el grau d'autoretenció consisteix en calcular el rendiment (òbviament negatiu) d'aquests mecanismes. Per això cal conèixer els angles d'hèlice dels filets, γ.

$$\tan \gamma_1 = \frac{z_1 \cdot p_1}{\pi \cdot d_{m1}} = \frac{1 \cdot 1{,}25}{3{,}1416 \cdot 7{,}188} = 0{,}0554 \qquad \gamma_1 = 3{,}168°$$

$$\tan \gamma_2 = \frac{z_2 \cdot p_2}{\pi \cdot d_{m2}} = \frac{1 \cdot 1{,}5}{3{,}1416 \cdot 15{,}026} = 0{,}0318 \qquad \gamma_2 = 1{,}820° \tag{23}$$

I, l'angle de fricció, ρ' (el mateix per ambdós casos):

$$\tan \rho' = \mu' = \frac{\mu}{\cos \alpha} = \frac{0{,}15}{\cos 30} = 0{,}173 \qquad \rho' = 9{,}826° \tag{24}$$

A partir d'aquests valors s'obtenen els rendiments inversos per a les dues unions:

$$\eta_{inv1} = \frac{\tan(\gamma_1 - \rho')}{\tan \gamma_1} = \frac{\tan(3{,}168 - 9{,}826)}{\tan 3{,}168} = -2{,}109$$

$$\eta_{inv2} = \frac{\tan(\gamma_2 - \rho')}{\tan \gamma_2} = \frac{\tan(1{,}820 - 9{,}826)}{\tan 1{,}820} = -4{,}426 \tag{25}$$

Malgrat que l'autoretenció està molt ben assegurada en els dos casos, el cargol de mètrica fina està molt més lluny del perill d'afluixament.

A títol d'exemple, els rendiments directes de les rosques són:

$$\eta_{dir1} = \frac{\tan \gamma_1}{\tan(\gamma_1 + \rho')} = 0{,}240 \qquad \eta_{dir2} = \frac{\tan \gamma_2}{\tan(\gamma_2 + \rho')} = 0{,}154 \tag{26}$$

Exemple 2.7: Comparació del rendiment en funció del coeficient de fricció

Enunciat

Es vol dissenyar una transmissió de cargol femella reversible de relació de transmissió, $i_{\omega v}=314$ rad/m, essent el coeficient de fricció, $\mu=0,10$. El càlcul de resistència i a les deformacions fa recomanable que el cargol tingui un diàmetre mitjà de $d_m \geq 32$ mm, i es disposa d'eines de fabricació amb els següents passos: $p=5/7,5/10$ mm. Finalment es demana que es compari el rendiment d'aquesta transmissió amb el d'una transmissió de cargol de boles de les mateixes dimensions, essent $\mu_{cb}=0,008$.

Resposta

En aquesta aplicació és més favorable l'elecció d'un filet de secció quadrada:

$$\alpha=0 \quad \Rightarrow \quad \mu'=\frac{\mu}{\cos\alpha}=0,10 \qquad \rho'=\tan^{-1}\mu'=5,711° \tag{27}$$

Cal elegir un angle d'hèlice més gran que (i suficientment distanciat de) ρ' per assegurar la reversibilitat de la transmissió; per exemple: $\gamma=8°$. Com que el diàmetre mitjà mínim *està* limitat, caldrà jugar amb el pas, p, i el nombre de filets, z. A partir de la definició de l'angle d'hèlice es pot establir:

$$\gamma \geq 8° \qquad \tan\gamma = \frac{z \cdot p}{\pi \cdot d_m} \geq \tan 8° = 0,1405$$

$$z \cdot p \geq 0,1405 \cdot \pi \cdot d_m = 14,125 \text{ mm} \tag{28}$$

Es poden adoptar dues solucions que donen un producte $z \cdot p=15$ mm ($\gamma=8,486°$), equivalents a efectes de rendiment: *a*) $z_1=2$ i $p_1=7,5$ mm; *b*) $z_2=3$ i $p_2=5$ mm;

Els rendiments directes de les transmissions de cargol femella i de cargol de boles són ($\rho_{cf}=5,711°=\text{atan}\,\mu$; $\rho_{cb}=0,458°=\text{atan}\,\mu_{cb}$):

$$\eta_{dir.cf} = \frac{\tan\gamma}{\tan(\gamma+\rho_{cf})}=0,590 \qquad \eta_{dir.cb} = \frac{\tan\gamma}{\tan(\gamma+\rho_{cb})}=0,948 \tag{29}$$

Els rendiments inversos de les transmissions de cargol femella i de cargol de boles són ($\rho_{cf}=5,711°=\text{atan}\,\mu$; $\rho_{cb}=0,458°=\text{atan}\,\mu_{cb}$):

$$\eta_{inv.cf} = \frac{\tan(\gamma-\rho_{cf})}{\tan\gamma}=0,325 \qquad \eta_{inv.cb} = \frac{\tan(\gamma-\rho_{cb})}{\tan\gamma}=0,945 \tag{30}$$

És interessant d'observar la millora que obté la transmissió del cargol de boles respecte a la de cargol femella, especialment pel que fa al rendiment invers.

Exemple 2.8: Parell d'enroscament i de desenroscament

Enunciat

Una taula d'una massa de 40 kg pot ser regulada en altura per un mecanisme de cargol femella que actua pel seu centre. La rosca, que és irreversible a fi d'evitar que la taula baixi sola, té les següents característiques: Filet de secció quadrada; Diàmetre mitjà de la rosca: $d_m = 35$ mm; Pas de la rosca: $p = 8$ mm; Nombre d'entrades de rosca: $z = 2$; Coeficient de fricció entre els materials de la rosca: $\mu = 0,18$. Es demana: 1) Sense tenir en compte el frec en el suport axial (se suposa que hi ha un rodament axial), parell que cal fer sobre el cargol per pujar la taula, M_e (parell d'enroscament), i el que cal fer per baixar la taula, M_d (parell de desenroscament); 2) Efectes de 50 kg addicionals damunt la taula sobre aquests parells.

Resposta

En primer lloc es comprova que, efectivament, la rosca autoreté la taula. L'angle de fricció és $\rho = \text{atan}(0,18) = 10,204°$. L'angle d'hèlice d'aquest mecanisme de cargol femella és de:

$$\tan \gamma = \frac{z \cdot p}{\pi \cdot d_m} = \frac{2 \cdot 8}{3,1416 \cdot 35} = 0,1455 \qquad \gamma = 8,279° \tag{31}$$

Per tant, essent l'angle d'hèlice menor que el de fricció (encara que no massa: $\gamma = 8,279° \leq \rho = 10,204°$) la rosca autoreté la taula.

1) Els parells que cal fer sobre el cargol per a pujar i baixar la taula ($F_A = 400$ N), es calculen a partir de les forces tangencials donades per les fórmules (18) i (19), multiplicades pel radi mitjà de la rosca:

$$
\begin{aligned}
M_{dir} &= F_{Tdir} \cdot \frac{d_m}{2} = \tan(\gamma + \rho) \cdot F_A \cdot \frac{d_m}{2} = 2,34 \quad Nm \\
M_{inv} &= F_{Tinv} \cdot \frac{d_m}{2} = \tan(\gamma - \rho) \cdot F_A \cdot \frac{d_m}{2} = -0,235 \quad Nm
\end{aligned}
\tag{32}
$$

El parell per baixar té sentit contrari al de pujar i és unes deu vegades més petit.

2) Si la taula està carregada amb 50 kg més (400 N de pes propi més 500 N de càrrega), simplement els parells calculats anteriorment creixen proporcionalment a la càrrega axial (factor 900/400): $M_e = 5,26$ N·m; $M_d = -0,526$

---

3. Frec entre membres rígids

3.1 Contacte superficial entre membres rígids

Els sistemes de frec que s'estudien en aquest capítol tenen en comú que les superfícies de contacte formen part de membres rígids de les màquines (en el proper capítol s'estudien els sistemes de frec entre un membre flexible i un altre de rígid) i que el contacte no és puntual sinó que s'estén sobre una gran superfícies on no es pot considerar que la pressió és uniforme.

Els mecanismes de frec més freqüents entre membres rígids són la major part dels frens i embragatges i determinats limitadors de parell basats en alguna de les configuracions següents: *a*) *Sistemes de sabata-tambor*, on les sabates poden fregar per l'exterior (frens dels antics carros, determinats frens de ferrocarril) o per l'interior (frens d'automòbil), articulades directament a la base, o sobre una corredora o un balancí; *b*) *Sistemes de discs*, on poden haver-hi un nombre més o menys elevat de cares de treball; *c*) *Sistemes de cons*, amb una conicitat més o menys gran que pot donar lloc o no a autoretenció una vegada s'ha establert la connexió.

Els mecanismes de fricció aprofiten els efectes de la força tangencial resultant del contacte entre els dos membres. Una de les superfícies es recobreix d'un material adequat (diversos ferodes, suro, bronze sinteritzat, compostos en base a carboni) que proporciona un elevat coeficient de fricció alhora que permeten un desgast controlat, mentre que l'altra superfície es realitza d'un material molt més dur (acer, fosa) que experimenta un desgast molt més baix.

Aquest tipus d'apariament de materials, a més de facilitar les operacions de mante-niment (es canvia el membre que es desgasta), permet predir de forma prou ajustada la distribució de pressions entre les superfícies de contacte després d'un cert temps de funcionament a partir de la hipòtesi de *superfície desgastada*, base dels càlculs que es realitzen a continuació.

En efecte, per molt precises que siguin les formes i les guies dels membres que freguen, les imperfeccions de fabricació i de muntatge fan que, quan s'estableix per primer cop el contacte entre dues superfícies més o menys extenses, les pressions es distribueixen irregularment sobre les parts més sortints. Tanmateix, després d'un cert temps de fun-cionament, el desgast anivella les superfícies i fa convergir la distribució de pressions vers una llei estable que no es modifica amb els desgasts posteriors i que depèn tan sols de la geometria del contacte.

Hipòtesi de superfície desgastada

Aquesta hipòtesi postula que, per a un temps donat, el volum del material desgastat en cada element de superfície és proporcional al treball de les forces de fricció (força tangencial pel camí recorregut):

$$(\delta_N \cdot ds) = k_1 \cdot (\mu \cdot p \cdot ds) \cdot (v \cdot t) \tag{1}$$

Essent: δ_N = Desgast normal a les superfícies de contacte
            k_1 = Constant de proporcionalitat
            μ = Coeficient de fricció
            p = Pressió de contacte
            ds = Superfície de l'element de contacte
            v = Velocitat mitjana de lliscament en l'element de contacte
            t = Temps considerat

Llei de desgast

Tenint en compte que, per als diferents elements de contacte, el coeficient de fricció i el temps són considerats invariables, aquests paràmetres poden englobar-se en una nova constant, k_2, i la hipòtesi de superfície desgastada es transforma en:

$$\delta_N = k_2 \cdot p \cdot v \tag{2}$$

La *llei de desgast* estableix, doncs, que el desgast normal a un element de superfície de contacte, δ_N, és proporcional al producte de la pressió entre les superfícies, p, i a la velocitat de lliscament, v.

Aquesta llei de desgast, convenientment adaptada, s'aplica al sistema sabata tambor, al sistema de discs i al sistema de cons.

3.2 Frec entre sabata i tambor. Distribució de pressions

Distribució de pressions en el sistema sabata tambor

La llei de distribució de pressions del contacte sabata tambor és el resultat d'aplicar la *hipòtesi de superfície desgastada* (també denominada de *sabata desgastada*) a la geometria d'aquest sistema. Partint d'una sabata i tambor rígids amb la geometria de la Figura 3.1a, el desplaçament d'un punt de contacte qualsevol, C, en la direcció perpendicular a AC a causa del desgast del ferode (la sabata fa un petit gir, ε, al voltant del punt A), i el desgast normal a la superfície, δ_N, s'expressen per:

$$\delta = \varepsilon \cdot AC \qquad \delta_N = \delta \cdot \cos(\alpha - \pi/2) = \varepsilon \cdot AC \cdot \sin\alpha \tag{3}$$

A partir de l'aplicació del teorema del sinus al triangle OAC de la Figura 3.1a, ($\sin\theta/AC = \sin\alpha/a$), i tenint en compte que tant el petit angle girat per la sabata, ε, com la distància de l'eix del tambor a l'articulació de la sabata, $OA=a$, són paràmetres que no varien en relació als diferents punts de contacte sabata tambor, el desgast normal a la superfície és proporcional a $\sin\theta$:

$$\delta_N = \varepsilon \cdot d \cdot \sin\alpha = \varepsilon \cdot a \cdot \sin\theta = k_3 \cdot \sin\theta \tag{4}$$

Per altre costat, la hipòtesi de superfície desgastada estableix que el desgast normal en cada element de contacte és proporcional al producte de la pressió de contacte per la velocitat de lliscament. Igualant amb l'expressió (2), resulta:

$$\delta_N = k_2 \cdot p \cdot v = k_3 \cdot \sin\theta \tag{5}$$

Tenint en compte que tots els elements de contacte estan sotmesos a la mateixa velocitat de lliscament (tambor de radi constant), les constants, k_2 i k_3, així com la velocitat, v, poden ser englobades en una nova constant, k, per donar lloc a la llei de distribució de pressions en el contacte sabata tambor:

$$p = k \cdot \sin\theta \tag{6}$$

Representació de la distribució de pressions

La representació de la distribució de pressions en les condicions de superfície desgastada sobre la geometria sabata tambor (Figura 3.1b i c) proporciona diversos conceptes d'interès tecnològic en el disseny i construcció de frens i embragatges:

a) *Línia de centres, referència de l'angle*
    La referència de l'angle, θ, ve donada per la línia de centres, OA, definida pel centre de l'articulació del tambor i el centre de l'articulació de la sabata.

---

b) *Direcció de desgast*

La pressió màxima de contacte té lloc quan $\sin\theta=1$, o sigui, quan $\theta=\pi/2$. Aquest angle determina una direcció anomenada *direcció de desgast*. La pressió màxima acostuma a designar-se per $p_0=k$ i la llei de distribució de pressions esdevé: $p=p_0\cdot\sin\theta$.

c) *Pressions positives*

Matemàticament, la llei de desgast permetria considerar valors de pressions positius i negatius però, en aquest darrer cas, les superfícies se separen. Per tant, la llei de desgast sols és vàlida per a valors positius ($\theta=0\div180°$).

d) *Aprofitament del material*

La distribució de pressions és més uniforme i, el material de desgast s'aprofita millor, quan s'elegeix una zona de contacte a l'entorn de la direcció de desgast, enlloc de zones de contacte pròximes a la línia de centres

Resultant de les forces de contacte

Per mitjà de la integració dels diferencials de força al llarg de tota la zona del contacte sabata tambor, la llei de distribució de pressions permet obtenir la resultant de les forces de contacte (normal i tangencial) així com determinar la seva línia d'acció. A partir d'aquests valors, es pot establir l'equilibri amb la resta de forces que actuen sobre la sabata i sobre el tambor.

A fi de facilitar la comprensió dels conceptes, es prefereix establir prèviament les tres integrals definides següents que intervenen en el plantejament del càlcul de les forces de contacte:

$$A = \int_{\theta_1}^{\theta_2} \sin^2\theta \cdot d\theta = \frac{1}{4}\cdot\left[2\cdot\theta - \sin 2\cdot\theta\right]_{\theta_1}^{\theta_2}$$

$$B = \int_{\theta_1}^{\theta_2} \sin\theta\cdot\cos\theta\cdot d\theta = \frac{1}{2}\cdot\left[\sin^2\theta\right]_{\theta_1}^{\theta_2} \tag{7}$$

$$C = \int_{\theta_1}^{\theta_2} \sin\theta\cdot d\theta = -\left[\cos\theta\right]_{\theta_1}^{\theta_2}$$

Aquests valors depenen tan sols de la geometria del contacte i, en concret, dels angles inicials i final del contacte sabata tambor, θ_1 i θ_2 (Figura 3.1c).

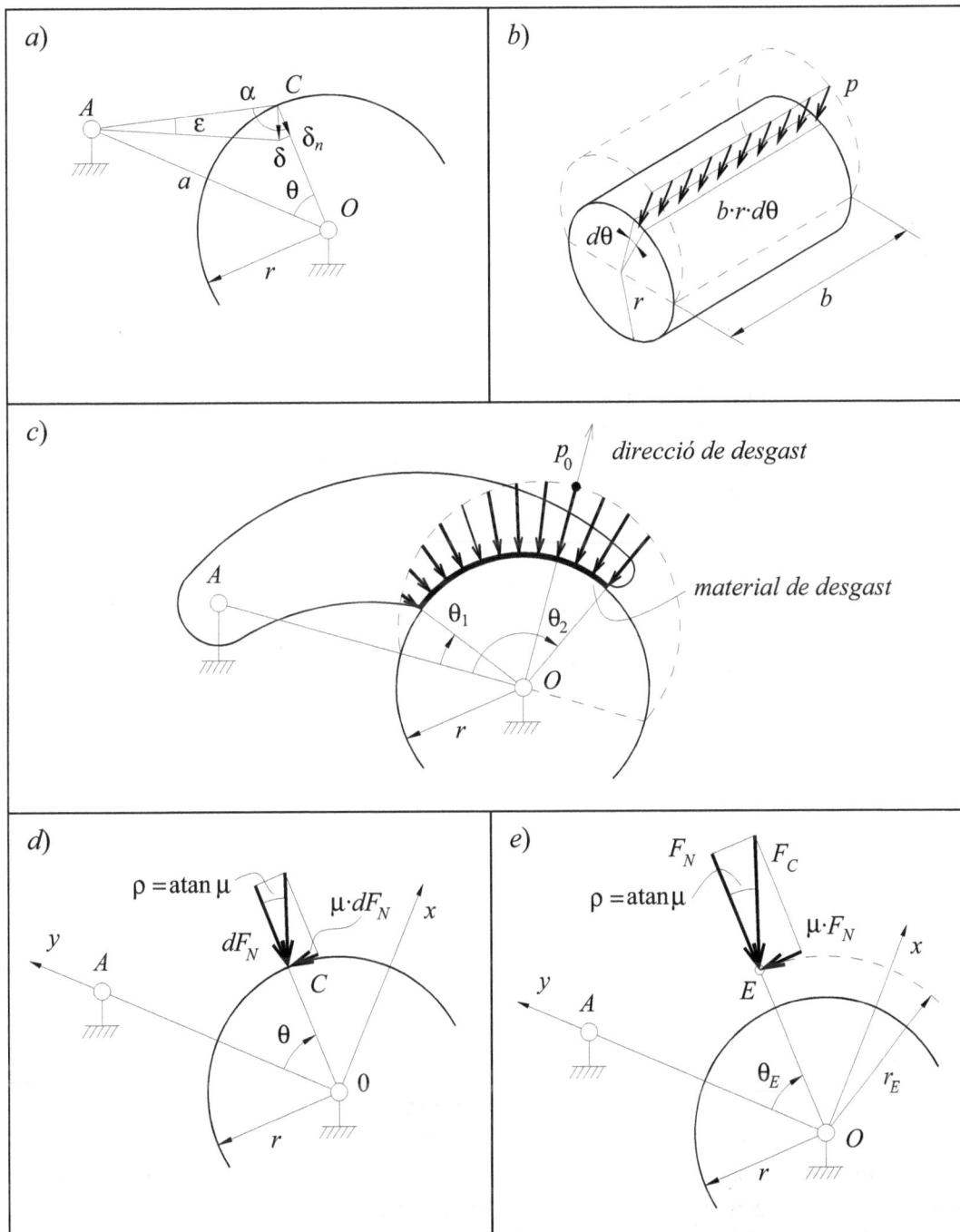

Figura 3.1   Contacte sabata-tambor: *a*) Geometria del desgast; *b*) Diferencial de força de contacte; *c*) Distribució de pressions i direcció de desgast; *d*) Composició dels diferencials de força en un element de la superfície; *e*) Força normal i tangencial resultants i centre d'empenta.

Resultant de les forces normals

Atès que tots els diferencials de forces normals de contacte passen pel centre del tambor (la superfície és cilíndrica), hi passarà la seva resultant. La pressió en cada element de contacte s'obté a partir de la llei de distribució de pressions ($p=p_0\cdot\sin\theta$), mentre que el diferencial de superfície amb igual pressió és el producte de l'amplada de contacte sabata tambor, b, per un diferencial d'arc ($ds=b\cdot r\cdot d\theta$). El diferencial de força normal resultant ($p\cdot ds$) és, doncs (Figura 1.3b):

$$dF_N = p\cdot ds = (p_0\cdot\sin\theta)\cdot(b\cdot r\cdot d\theta) = p_0\cdot b\cdot r\cdot\sin\theta\cdot d\theta \tag{8}$$

Utilitzant la referència de la Figura 1.3d, projectant aquest diferencial de força normal en les direccions Ox i Oy i, integrant les expressions entre els angles dels dos extrems de la zona de contacte sabata tambor, θ_1 i θ_2, s'obtenen els valors dels corresponents components de la força normal:

$$F_{Nx} \int_{\theta_1}^{\theta_2}(-p\cdot dS)\cdot\sin\theta = \int_{\theta_1}^{\theta_2} -p_0\cdot b\cdot r\cdot\sin^2\theta\cdot d\theta = -(p_0\cdot b\cdot r)\cdot A$$

$$F_{Ny} \int_{\theta_1}^{\theta_2}(-p\cdot dS)\cdot\cos\theta = \int_{\theta_1}^{\theta_2} -p_0\cdot b\cdot r\cdot\sin\theta\cdot\cos\theta\cdot d\theta = -(p_0\cdot b\cdot r)\cdot B \tag{9}$$

Utilitzant les expressions de les integrals definides anteriors (A i B), el mòdul de la resultant de les forces normals i la seva orientació angular en el sistema de referència, Oxy, venen donades per les expressions següents:

$$F_N = p_0\cdot b\cdot r\cdot\sqrt{A^2+B^2} \qquad \tan\theta_E = \frac{F_{Nx}}{F_{Ny}} = \frac{A}{B} \tag{10}$$

Resultant de les forces de fricció tangencials

Cada diferencial de força normal de contacte, dF_N, s'associa a un diferencial de força de fricció, $\mu\cdot dF_N$, de direcció perpendicular a l'anterior i de mòdul proporcional (el coeficient de fricció, μ, és el factor de proporcionalitat). La resultant de les forces de fricció és perpendicular, doncs, a la resultant de les forces normals i té per mòdul $\mu\cdot F_N$. Suposant que aquesta resultant actua a una distància, r_E, del centre del tambor, el moment de fricció, M_f, entre sabata i tambor és fruit tan sols de les forces tangencials:

$$M_f = r_E\cdot(\mu\cdot F_N) = r_E\cdot\mu\cdot p_0\cdot b\cdot r\cdot\sqrt{A^2+B^2} \tag{11}$$

Taula 3.1	Principals paràmetres i relacions en sabates asimètriques

b = Amplada de contacte sabata-tambor
d, r = Diàmetre, radi del tambor
p = $p_0 \cdot \sin\theta$ = Distribució de pressions de contacte
p_0 = Pressió de contacte en la direcció de desgast (màxima)
r_E = Radi del centre d'empenta
A = Punt d'articulació de la sabata
A, B, C = Paràmetres adimensionals, funció dels angles θ_1 i θ_2
E = Centre d'empenta
O = Eix del tambor (centre de coordenades)
Ox = Direcció de desgast (eix de les x)
Oy = Direcció de l'articulació de la sabata (eix de les y)
M_f = Parell de fricció
F_N, F_{Nx}, F_{Ny} = Resultant i components de les forces normals de contacte
μ = Coeficient de fricció entre sabata-tambor
θ_1, θ_2 = Angle inicial i final de contacte
θ_E = Angle del centre d'empenta
ω_{12} = Velocitat angular relativa del tambor respecte la sabata

$$A = \frac{1}{4} \cdot \left[2 \cdot \theta - \sin 2\theta \right]_{\theta_1}^{\theta_2}$$

$$B = \frac{1}{2} \cdot \left[\sin^2\theta \right]_{\theta_1}^{\theta_2}$$

$$C = -\left[\cos\theta \right]_{\theta_1}^{\theta_2}$$

$$F_{Nx} = -p_0 \cdot b \cdot r \cdot A \qquad F_{Ny} = -p_0 \cdot b \cdot r \cdot B$$

$$F_N = \sqrt{F_{Nx}^2 + F_{Ny}^2} = p_0 \cdot b \cdot r \cdot \sqrt{A^2 + B^2}$$

$$\tan\theta_E = \frac{F_{Nx}}{F_{Ny}} = \frac{A}{B} \qquad r_E = r \cdot \frac{C}{\sqrt{A^2 + B^2}}$$

$$M_f = \mu \cdot F_N \cdot r_E = \mu \cdot p_0 \cdot b \cdot r^2 \cdot C$$

Si $\quad \theta_1 \leq \pi/2 \leq \theta_2 \qquad p_{màx} = p_0 \leq p_{adm}$
Si $\quad \theta_2 \leq \pi/2 \qquad\qquad p_{màx} = p_0 \cdot \sin\theta_2 \leq p_{adm}$
Si $\quad \theta_1 \geq \pi/2 \qquad\qquad p_{màx} = p_0 \cdot \sin\theta_1 \leq p_{adm}$

Per altre costat, aquest mateix parell de fricció es pot calcular a partir d'integrar els diferencials dels moments de les forces tangencials de fricció respecte al centre del tambor, $(\mu \cdot dF_N) \cdot r$, entre els dos angles extrems de la sabata, θ_1 i θ_2:

$$M_f = \int_{\theta_1}^{\theta_2} (\mu \cdot dF_N) \cdot r = \int_{\theta_1}^{\theta_2} \mu \cdot p_0 \cdot b \cdot r^2 \cdot \sin\theta \cdot d\theta = (\mu \cdot p_0 \cdot b \cdot r^2) \cdot C \qquad (12)$$

De la igualació de les dues expressions anterior, es pot establir el radi, r_E, al qual s'aplica la resultant de les forces de fricció tangencials i que, juntament amb l'angle, θ_E, determina el *centre d'empenta*, E, per on passa la resultant de les forces de contacte (Figura 1.3e):

$$r_E = \frac{M_f}{\mu \cdot F_N} = \frac{\mu \cdot p_0 \cdot b \cdot r^2 \cdot C}{\mu \cdot p_0 \cdot b \cdot r \cdot \sqrt{A^2 + B^2}} = r \cdot \frac{C}{\sqrt{A^2 + B^2}} \qquad (13)$$

Tots aquests resultats són vàlids tant per a sabates articulades a l'interior com a l'exterior del tambor

Sabates simètriques

És freqüent la utilització de sabates simètriques en què $\theta_1 = (\pi - \alpha)/2$ i $\theta_2 = (\pi + \alpha)/2$, ja que s'obté la màxima eficàcia del material en el sistema sabata-tambor.

Taula 3.2	Principals paràmetres i relacions en sabates simètriques
$\alpha = \theta_2 - \theta_1$ = Angle de la sabata simètrica	
$\theta_1 = \dfrac{\pi - \alpha}{2} \qquad \theta_2 = \dfrac{\pi + \alpha}{2}$ $A = \dfrac{\alpha + \sin\alpha}{2} \qquad B = 0$ $C = 2 \cdot \sin\dfrac{\alpha}{2}$	$F_{Nx} = -p_0 \cdot b \cdot r \cdot \dfrac{\alpha + \sin\alpha}{2} \qquad F_{Ny} = 0$ $F_N = \sqrt{A^2 + B^2} = p_0 \cdot b \cdot r \cdot \dfrac{\alpha + \sin\alpha}{2}$ $\tan\theta_E = \dfrac{A}{B} = \infty \qquad r_E = r \cdot \dfrac{4 \cdot \sin\dfrac{\alpha}{2}}{\alpha + \sin\alpha}$ $M_f = \mu \cdot F_N \cdot r_E = 2 \cdot \mu \cdot p_0 \cdot b \cdot r^2 \cdot \sin\dfrac{\alpha}{2}$
És $\theta_1 \leq \pi/2 \leq \theta_2 \qquad p_{màx} = p_0 \leq p_{adm}$	

3.3 Guiatge i accionament de les sabates

El guiatge de les sabates i els sistemes d'accionament per crear les forces de contacte sabata tambor, determinen moltes de les solucions constructives i alhora proporcionen moltes de les propietats, característiques i limitacions d'aquests mecanismes de frec. En aquesta secció s'estudien els tres sistemes principals de guiatge de les sabates (articulades a la base, guiades per un enllaç prismàtic i articulades sobre un balancí o una corredora) per, més endavant, descriure algunes de les disposicions de les sabates i alguns dels sistemes d'accionament en els frens i embragatges.

Sabates articulades a la base

Quan les sabates estan directament articulades a la base, segons la situació del punt d'articulació de la sabata i el sentit de gir del tambor, pot ser que les forces de fricció tendeixin a acostar la sabata vers el tambor (*sabata primària*, o d'efecte primari; Figura 3.2a) o a separar-la (*sabata secundària*, o d'efecte secundari; Figura 3.2b). Així, doncs, una mateixa força d'accionament dóna en una sabata primària una frenada més intensa que en una sabata secundària (també les pressions sobre el material són més elevades). Però cal advertir que, si es porta l'efecte primari molt al límit (especialment en les sabates interiors), pot produir-se l'autoretenció (efecte molt destructiu en frens i embragatges que connecten inèrcies importants) mentre que les sabates secundàries aquest perill no existeix.

Per efectuar un determinat moment de frenada sobre el tambor, M_f, cal exercir un moment exterior respecte al punt A sobre la sabata (M_{Ap}, per a una sabata primària; M_{As}, per a una sabata secundària) que, en funció de les distàncies, d_N i d_T, assenyalades a la Figura 3.2, dóna els valors següents:

$$M_{Ap} = M_f \cdot \frac{d_N - \mu \cdot d_T}{\mu \cdot r_E} \qquad M_{As} = M_f \cdot \frac{d_N + \mu \cdot d_T}{\mu \cdot r_E} \tag{14}$$

Quan en una sabata primària és $d_N/d_T \leq \mu$, es produeix autoretenció, ja que el moment exterior, M_{Ap}, que cal exercir sobre la sabata esdevé zero o negatiu.

Sabates guiades per un enllaç prismàtic

En el cas particular de sabates articulades a la base per un enllaç prismàtic (equivalent a un enllaç de revolució a distància infinita en el sentit perpendicular), l'eix de l'enllaç prismàtic és la direcció de desgast (Figura 3.2d) i, generalment, les sabates adopten una forma simètrica respecte a aquesta direcció. El guiatge de les sabates per mitjà d'enllaços prismàtics s'usa en molts dels frens i embragatges centrífugs.

Sabates articulades sobre un balancí

Una altra solució constructiva adoptada en aquests tipus de frens i embragatges consisteix en articular les sabates (exteriors o interiors) damunt de balancins o corredores: la sabata pot girar lliurement sobre el punt d'articulació (manté l'orientació gràcies a una longitud suficient de la sabata i a la distribució de forces de contacte), alhora que el balancí o corredora l'acosta o la separa del tambor.

Fora de quan actuen més de dues forces sobre la sabata, com ara en els frens i embragatges centrífugs (on també hi ha la força d'inèrcia de D'Alembert), l'equilibri s'estableix entre la reacció de l'articulació, B, i la resultant de les forces de contacte (normals i tangencials de fricció). Si l'articulació, B, coincideix amb el centre d'empenta, E, la distribució de pressions correspon a la d'una sabata amb la direcció de desgast orientada segons OB. El cas contrari és més complex.

Si l'articulació B està sobre l'eix de simetria del contacte sabata-tambor (situació que es dóna normalment), però la seva distància al centre del tambor no coincideix amb el radi del centre d'empenta, r_E, aleshores l'articulació B i el radi d'empenta, E, es troben sobre orientacions diferents separades per l'angle γ, atès que la resultant de les forces de contacte que passa pel centre d'empenta, E, està inclinada un angle $\rho = \mathrm{atan}(\mu)$ respecte a la normal en el sentit determinat per les forces de fricció. L'angle γ ha de complir la següent relació geomètrica:

$$\sin(\rho - \gamma) = \frac{r_E}{r_B} \cdot \sin \rho \qquad \tan \rho = \mu \tag{15}$$

Així, doncs, la direcció de desgast no està centrada amb la sabata, sinó desviada respecte a l'eix de simetria un angle més gran que γ i en el mateix sentit. Per tant, cal temptejar una direcció de desgast (que al seu torn determina uns angles θ_1 i θ_2) a fi que doni un radi d'empenta, r_E, i una posició del radi d'empenta, θ_E, compatibles amb les dades del problema i amb l'anterior equació. Aquest plantejament també és vàlid amb sabates amb una articulació B no simètrica, si bé resulta una mica més complex.

En frens amb sabates articulades molt curtes ($\alpha = \theta_2 - \theta_1$ molt petit) i amb el punt d'articulació, B, molt allunyat del tambor, es pot produir un efecte d'autoretenció entre la sabata i el tambor que fa separar violentament aquests dos elements entre si i impedeix el correcte funcionament del sistema. La condició d'autoretenció es dóna quan, considerant el contacte concentrat en un dels extrems de la sabata (punt C_2, en les Figures 3.2e i 3.2f), la línia d'acció de la força de contacte (normal i tangencial de fricció) dóna un moment respecte al punt, B, que fa girar la sabata en el sentit de separar-la del tambor (r, radi del tambor; μ, coeficient de fricció). Per a les sabates simètriques s'expressa per:

$$\frac{\sin(\alpha/2)}{\cos(\alpha/2) - r/r_B} \leq \mu \tag{16}$$

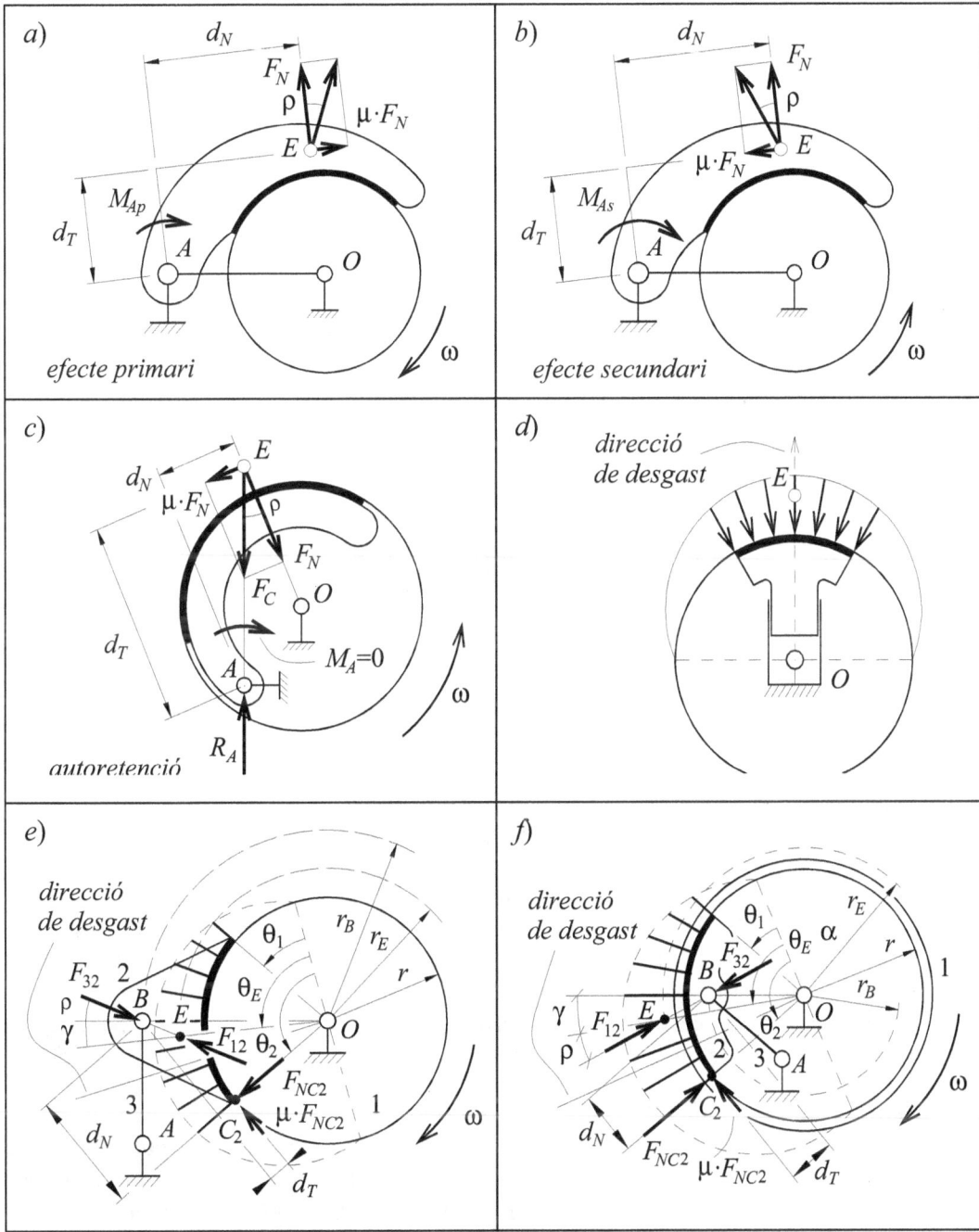

Figura 3.2   Guiatge de les sabates: *a*) Sabata articulada a la base amb efecte primari; *b*) Sabata articulada a la base amb efecte secundari; *c*) Condició d'autoretenció en una sabata primària; *d*) Sabata guiada per un enllaç prismàtic; *e*) Sabata exterior articulada sobre un balancí; *f*) Sabata interior articulada sobre un balancí.

Disposicions de sabates en els frens

Les sabates dels frens poden situar-se a l'interior del tambor (solució molt compacte) o a l'exterior (solució menys compacte, però freqüent en tambors o rodes massisses). L'ús de sabates en els embragatges es limita pràcticament als centrífugs (a causa de la dificultat d'accionar-les en moviment) i, aleshores, són necessàriament interiors.

a) *Dues sabates simètriques*
    Construcció molt simple i barata que consisteix en articular dues sabates en un mateix punt (o en punts pròxims) i accionar-les pels altres extrems amb un mateix actuador doble (doble lleva, Figura 3.3a; cilindre pneumàtic o hidràulic). Una de les sabates és primària i l'altra és secundària, papers que s'intercanvien en cas d'invertir el sentit de gir del tambor.

b) *Dues sabates primàries amb dos actuadors*
    Construcció que millora l'eficàcia en ser les dues sabates primàries, però que és més complexa i cara que l'anterior ja que requereix dos accionaments en col·locacions separades (Figura 3.3b) dels quals cal equilibrar al màxim les forces (els accionaments pneumàtics i hidràulics són els que ho garanteixen millor). Si s'inverteix el sentit de gir del tambor, les dues sabates passen a ser secundàries.

c) *Dues sabates articulades en sèrie*
    Construcció de dues sabates, la segona articulada sobre la primera (l'acció de la segona sabata damunt de la primera constitueix l'accionament d'aquesta segona), de manera que les dues són primàries i són accionades per un sol accionament (Figura 3.3c). Si s'inverteix el sentit de gir del tambor, les dues sabates passen a ser secundàries i es perd l'eficàcia de la frenada.

d) *Dues sabates flotants articulades en sèrie*
    Conjunt format per dues sabates articulades entre si per l'extrem A i accionades entre si per l'extrem oposat, el qual pot fer un petit gir gràcies a unes ranures en les sabates. Quan el frec obliga el pivot A_1 a fer d'articulació fixa (situació mostrada a la Figura 3.5d), les dues sabates són primàries, condició que també es manté quan inverteix el sentit de gir i el pivot A_2 passa a fer d'articulació fixa.

e) *Sabates exteriors amb accionament equilibrat de barres*
    Consisteix en un fre amb sabates exteriors (normalment articulades sobre balancins) amb un joc de palanques que, per mitjà d'una sola acció, crea forces equilibrades sobre les sabates i, de retruc, sobre l'arbre i suport del tambor.

f) *Sabates múltiples amb accionament pneumàtic*
    Construcció que consisteix en una multiplicitat de sabates generalment exteriors, amb guiatge lineal (de fet és com si estessin articulades sobre un element de guiatge lineal) accionades pneumàticament per un element tubular flexible.

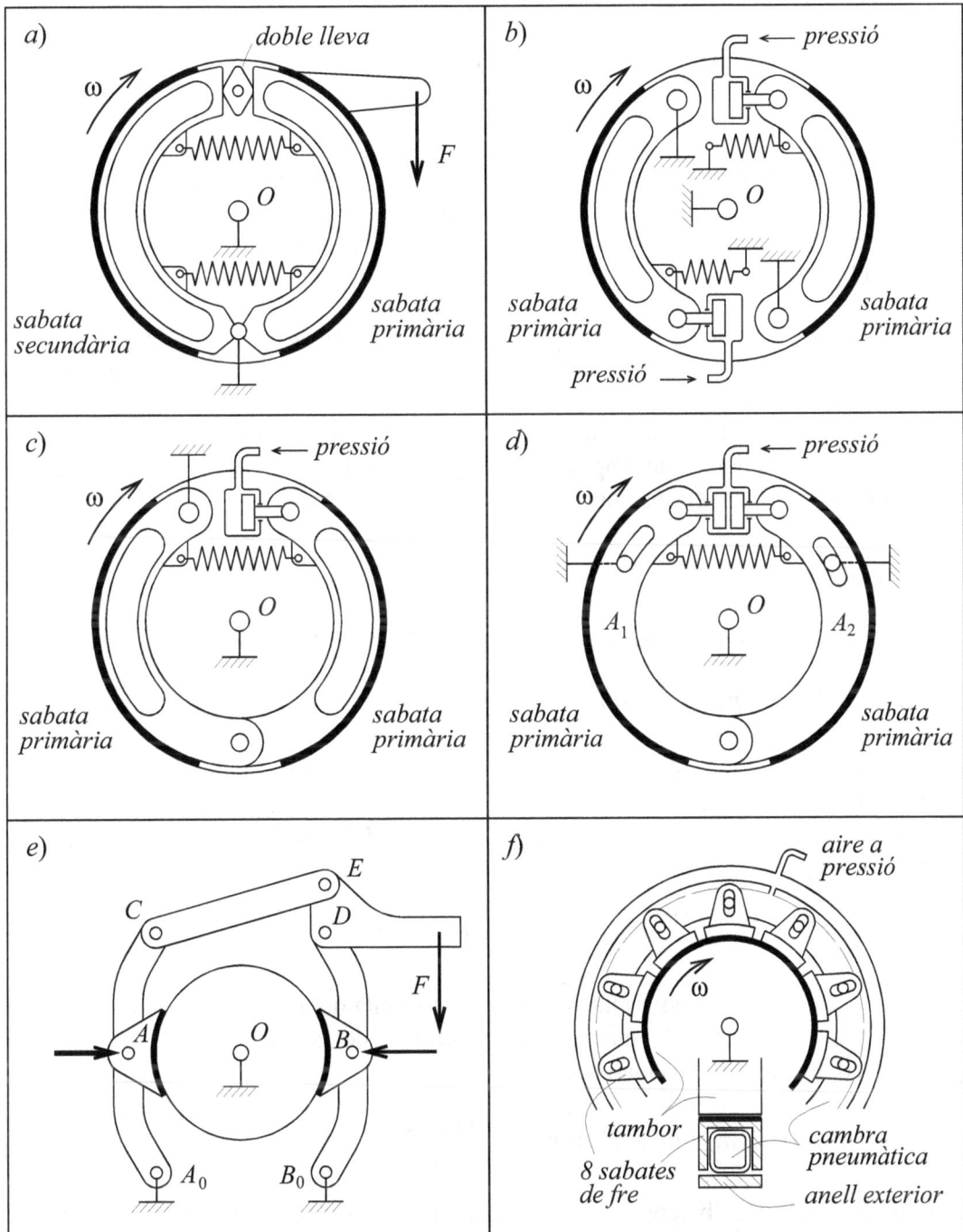

Figura 3.3 Guiatge i accionament de les sabates: *a*) Dues sabates simètriques; *b*)
Dues sabates primàries amb dos actuadors; *c*) Dues sabates articulades en sèrie;
d) Dues sabates flotants articulades en sèrie; *e*) Sabates exteriors amb accio-
nament equilibrat de barres; *f*) Sabates múltiples amb accionament pneumàtic.

3.4 Frens i embragatges centrífugs

Principi de funcionament

Els frens i els embragatges centrífugs es basen en el frec entre sabates interiors i un tambor, i aprofiten les forces d'inèrcia centrífugues de les sabates per crear el component normal de contacte. En ser aquestes forces proporcionals al quadrat de la velocitat angular, el parell de frec creix molt ràpidament.

El sistema mòbil acostuma a estar format per diverses sabates (generalment de 2 a 6) disposades radialment de forma simètrica i retingudes en el sentit de rotació per unes guies axials o per unes bieletes disposades en direcció aproximadament tangencial que fa que les sabates actuïn com a articulades. Normalment hi ha una molla circular (o diverses molles radials) que impedeixen el petit moviment axial de les sabates (de l'ordre de 1 mm o menys) fins que no s'ha vençut la seva força.

Fre centrífug

Suposant que les n sabates són simètriques, el parell total de frenada és:

$$M_f = n \cdot \left(2 \cdot \mu \cdot p_0 \cdot b \cdot r^2 \cdot \sin\frac{\alpha}{2} \right) \tag{17}$$

La resultant de les forces normals es pot obtenir, o bé a partir de la pressió màxima, p_0, i de la geometria del tambor, o bé a partir de l'avaluació de la força centrífuga de la sabata (de massa, m_S, i radi del centre d'inèrcia, r_{GS}) disminuïda de la força de la molla, F_M (considerada d'efecte radial):

$$F_N = p_0 \cdot b \cdot r \cdot \frac{\alpha + \sin\alpha}{2} = m_S \cdot r_{GS} \cdot \omega^2 - F_M \tag{18}$$

Refonent les expressions anteriors, s'arriba a la fórmula del parell de frenada en funció de la massa i geometria de masses de les sabates, de la força de la molla i de la geometria del contacte sabata tambor:

$$M_f = n \cdot \mu \cdot (m_S \cdot r_{GS} \cdot \omega^2 - F_M) \cdot r \cdot \frac{4 \cdot \text{sen}(\alpha/2)}{\alpha + \text{sen}\,\alpha} \tag{19}$$

Les Figures 3.3a i 3.3b representen, respectivament, una solució constructiva de fre centrífug i de la seva corba característica (M_f, ω).

Tenint en compte l'anàlisi de les anteriors equacions, es poden establir les següents consideracions de l'aplicació dels frens centrífugs:

a) *No és un fre d'aturada.* El fre centrífug no pot ser un fre d'aturada o de retenció, ja que el parell disminueix (fins i tot s'anul·la en cas d'haver-hi una molla) quan la velocitat s'acosta a zero.

b) *Fre de limitació de velocitat.* El parell de frenada creix amb el quadrat de la velocitat angular, de manera que variacions molt importants de parell es resolen en variacions molt petites de velocitat angular. Els antics dials mecànics dels telèfons, després de cada marcació, limitaven la velocitat de retorn amb un fre centrífug per donar temps a la commutació electromecànica de les centraletes.

c) *Limitacions tèrmiques.* Malgrat que el seu comportament és semblant al d'un fre dinamomètric, els frens centrífugs no ofereixen condicions adequades per a una dissipació contínua de potència en forma de calor. Les seves aplicacions es relacionen més aviat, doncs, amb sistemes de seguretat.

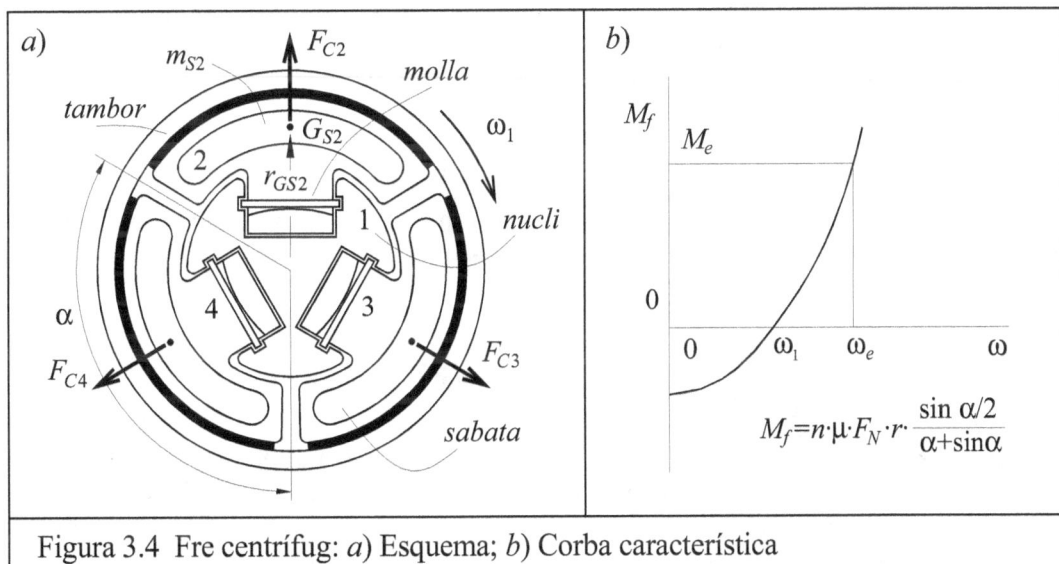

Figura 3.4 Fre centrífug: *a*) Esquema; *b*) Corba característica

Exemple 3.1: *Fre centrífug de seguretat d'una grua*

Enunciat

Es vol col·locar un fre centrífug en una grua de 3 tones per limitar la velocitat de caiguda de la càrrega a una velocitat no superior a 2,5 m/s (la velocitat normal de treball és de 1,5 m/s), en una eventual fallada del fre principal de retenció de la càrrega. El fre centrífug es pot aplicar o bé directament a l'arbre del tambor ($d_T = 350$ mm) o bé a un arbre de la transmissió enllaçat amb el tambor per mitjà d'un tren d'engranatges i que gira $i = 12,7$ vegades més ràpid. Es demana que determineu la configuració i els principals paràmetres d'aquest sistema ($\mu = 0,35$).

Resposta

Atès que aquest és un sistema de seguretat i que les transmissions d'engranatges no solen fallar, convé col·locar el fre centrífug a l'arbre ràpid, ja que les dimensions seran molt més reduïdes. S'adopta una solució constructiva amb 6 sabates i $\alpha = 60°$.

Quan la grua mou la càrrega ($W=30.000$ N) a la seva velocitat normal, $v_{W1}=1,5$ m/s, el fre centrífug gira a la velocitat $\omega_{F1}=i\cdot\omega_{T1}=i\cdot v_{W1}/r_T$ (paràmetres del tambor d'enrotllament del cable: ω_{T1}, velocitat angular normal, r_T, radi), i la força de la molla del fre ha de ser suficient perquè no cedeixi a la força d'inèrcia centrífuga de les sabates:

$$F_M \geq m_S \cdot r_{GS} \cdot \omega_{F1}^2 \qquad (20)$$

Quan la càrrega cau amb la màxima velocitat admesa, $v_{W2}=2,5$ m/s, el fre centrífug gira a la velocitat $\omega_{F2}=i\cdot\omega_{T2}=i\cdot v_{W2}/r_T$ i les sabates han d'exercir el parell suficient per equilibrar el pes de la càrrega (baixada amb velocitat uniforme). El parell del fre centrífug pot expressar-se, o bé en funció dels paràmetres del fre, o bé en funció dels requeriments perquè la caiguda de la càrrega sigui uniforme:

$$M_f = \frac{1}{i}\cdot W \cdot r_T = n\cdot\mu\cdot(m_S\cdot r_{GS}\cdot\omega_{F2}^2 - F_M)\cdot r_F\cdot\frac{4\cdot\sin(\alpha/2)}{\alpha+\sin\alpha} \qquad (21)$$

Introduint l'equació (20) en la (21), reordenant termes i substituint valors ($\alpha=\pi/6$ rad; $W=30.000$ N; $n=3$; $\mu=0,35$; $v_{W1}=1,5$ m/s; $v_{W2}=2,5$ m/s; $i=12,7$; $r_T=0,350/2=0,175$ m), s'obté:

$$m_S\cdot r_{GS}\cdot r_F = \frac{\alpha+\sin\alpha}{4\cdot\sin(\alpha/2)}\cdot\frac{W\cdot r_T^3}{n\cdot\mu\cdot(v_{W2}^2-v_{W1}^2)\cdot i^3} = 0,008939 \quad \text{kg·m}^2 \qquad (22)$$

Per tant, el producte de la massa d'una sabata del fre, m_S, pel radi al qual es troba el seu centre d'inèrcia, r_{GS}, i pel radi del tambor del fre centrífug, r_F, han de donar el valor anterior. Una de les moltes solucions podria ser un disseny que respongués als següents valors: $r_F=0,150$ m (300 mm de diàmetre); $r_{GS}=0,115$ mm; $m_S=0,518$ kg.

Embragatge centrífug

La construcció d'un embragatge centrífug és molt semblant a la d'un fre centrífug, però el seu funcionament presenta algunes particularitats que val la pena comentar:

a) *Desconnexió a baixa velocitat.* A baixa velocitat, la força centrífuga no és capaç de vèncer les molles de les sabates, es desconnecta i no es transmet parell. Aquesta propietat s'utilitza per a desembragar automàticament el motor de les rodes d'un vehicle (sense l'actuació del conductor) quan la velocitat disminueix per sota d'un cert llindar (especialment utilitzat en els ciclomotors).

b) *Després de la connexió, no hi ha lliscament.* L'arbre que rep el parell s'accelera fins que la seva velocitat s'iguala amb la de l'arbre motor. Un cop connectats, els dos arbres no llisquen, sobretot quan la velocitat s'allunya de la de connexió.

c) *Transmissió d'engegada irreversible.* Quan el sistema està aturat, no és possible d'establir la connexió a partir de fer girar l'eix del tambor (no es produeixen forces d'inèrcia sobre les sabates). Per això els ciclomotors necessiten una altra transmissió per engegar el vehicle.

Exemple 3.2: *Embragatge centrífug d'un ciclomotor*

Enunciat

L'embragatge centrífug d'un ciclomotor està format per un tambor ($d_F = 150$ m), i quatre sabates simètriques ($\alpha = 90°$; $m_S = 90$ g, $r_{GS} = 68$ mm), essent el coeficient de fricció $\mu = 0,32$. Fins a $\omega_{F1} = 1000$ min^{-1}, la molla equilibra les forces centrífugues. Es demana: a) Parell d'embragatge que es transmet a l'arbre receptor si la velocitat de l'arbre motor és $\omega_{F2} = 1200$ min^{-1}; b) Parell transmès a $\omega_{F2} = 1350$ min^{-1}; c) Comportament del ciclomotor en aquests dos casos si vol engegar en una pujada del 10% ($\alpha = 5,71°$; $\tan\alpha = 0,10$): Relació de transmissió entre la roda i l'embragatge centrífug: $i = 13,8$; radi de la roda: $r_R = 0,325$ m; massa total (vehicle + conductor), $m_T = 150$ kg.

Resposta

a) i b) El parell de fricció s'obté per mitjà de la fórmula:

$$M_f = n \cdot \mu \cdot (m_S \cdot r_{GS} \cdot \omega_{F2}^2 - F_M) \cdot r_F \cdot \frac{4 \cdot \sin(\alpha/2)}{\alpha + \sin\alpha} \qquad F_M = m_S \cdot r_{GS} \cdot \omega_{F1}^2 \qquad (23)$$

En aquest cas és $n = 4$ i $\alpha = 90°$, essent $\omega_{F1} = 104,7$ rad/s i $\omega_{F2} = 125,7$ rad/s en l'apartat a) i $\omega_{F2} = 141,4$ rad/s en l'apartat b). A partir d'aquestes dades s'obté els següents resultats: a) $M_f = 3,119$ N·m; b) $M_f = 5,830$ N·m

c) Per a aquest apartat, cal reduir prèviament la resistència al pendent a l'arbre receptor de l'embragatge centrífug:

$$M_{rR} = \frac{1}{i} \cdot (m_T \cdot g \cdot \sin\alpha) \cdot r_R = 3,448 \quad \text{N·m} \qquad (24)$$

El parell que proporciona l'embragatge centrífug a 1200 min^{-1} és inferior al parell requerit per vèncer el pendent (3,119 contra 3,448 N·m) i, per tant, l'embragatge relliscarà i no arrencarà el vehicle; si s'eleva la velocitat fins a 1350 min^{-1} l'embragatge proporciona un parell superior al requerit pel pendent i, per tant, el vehicle accelerarà empès per la diferència de parell.

3.5   Frec en discs i cons. Distribució de pressions

Distribució de pressions entre discs i entre cons

La llei de distribució de pressions en el contacte entre discs o entre cons és el resultat d'aplicar la *hipòtesi de superfície desgastada* a aquestes dues geometries (Figures 3.5a i 3.5b). Suposant rígids els membres que entren en contacte, el petit desplaçament axial mutu entre ells, δ_N, és constant en tota la superfície dels discs o cons i correspon al desgast sofert pel material tou (ferode) després d'un determinat temps de funcionament, *t*. A partir de la hipòtesi de superfície desgastada i, tenint en compte que tant el desgast normal, δ_N, com la velocitat angular, ω, són iguals per a tots els punts de la superfície, es poden establir les següents relacions:

$$\delta_N = k_2 \cdot p \cdot v \qquad v = r \cdot \omega \qquad p = \frac{k}{r} \tag{25}$$

Aquesta llei de distribució de pressions tan simple (les pressions són inversament proporcionals al radi del disc o del con) té diverses conseqüències que cal esmentar:

a)   *Pressions inversament proporcionals al radi.* La deducció d'aquesta llei de distribució de pressions no fa intervenir en cap moment el fet que la superfície sigui plana (discoïdal) o cònica. Per tant, és vàlida per als dos tipus de superfícies. En el cas dels cons, la pressió és normal als cons (figures 3.5c i 3.5d).

b)   *Pressions infinites en el centre.* En el centre del disc (o en el vèrtex del con) el radi és zero i les pressions esdevenen infinites. Atès que pressions tan elevades són un inconvenient i que els parells de frec tendeixen a zero, s'elimina la part central dels discs o dels cons que es transformen en superfícies anulars.

c)   *Pressió màxima en el radi més petit.* En general, una de les limitacions dels mecanismes de frec és la pressió màxima admissible del material que, per a aquestes geometries, correspon al radi interior.

Força axial resultant

Aquest és un dels paràmetres fonamentals de l'estudi dels contactes discoïdals i cònics. S'obté per integració del producte de la pressió, *p*, pel diferencial de superfície, *ds* (Figura 3.5e). En els contactes anulars ($\xi = r_e/r_i = d_e/d_i$), la força axial és:

$$F_A = \int_{r_i}^{r_e} p \cdot ds = \int_{r_i}^{r_e} \left(\frac{k}{r} \right) \cdot (2 \cdot \pi \cdot r \cdot dr) = 2 \cdot \pi \cdot k \cdot (r_e - r_i) = \frac{\xi - 1}{\xi} \cdot \pi \cdot k \cdot d_e \tag{26}$$

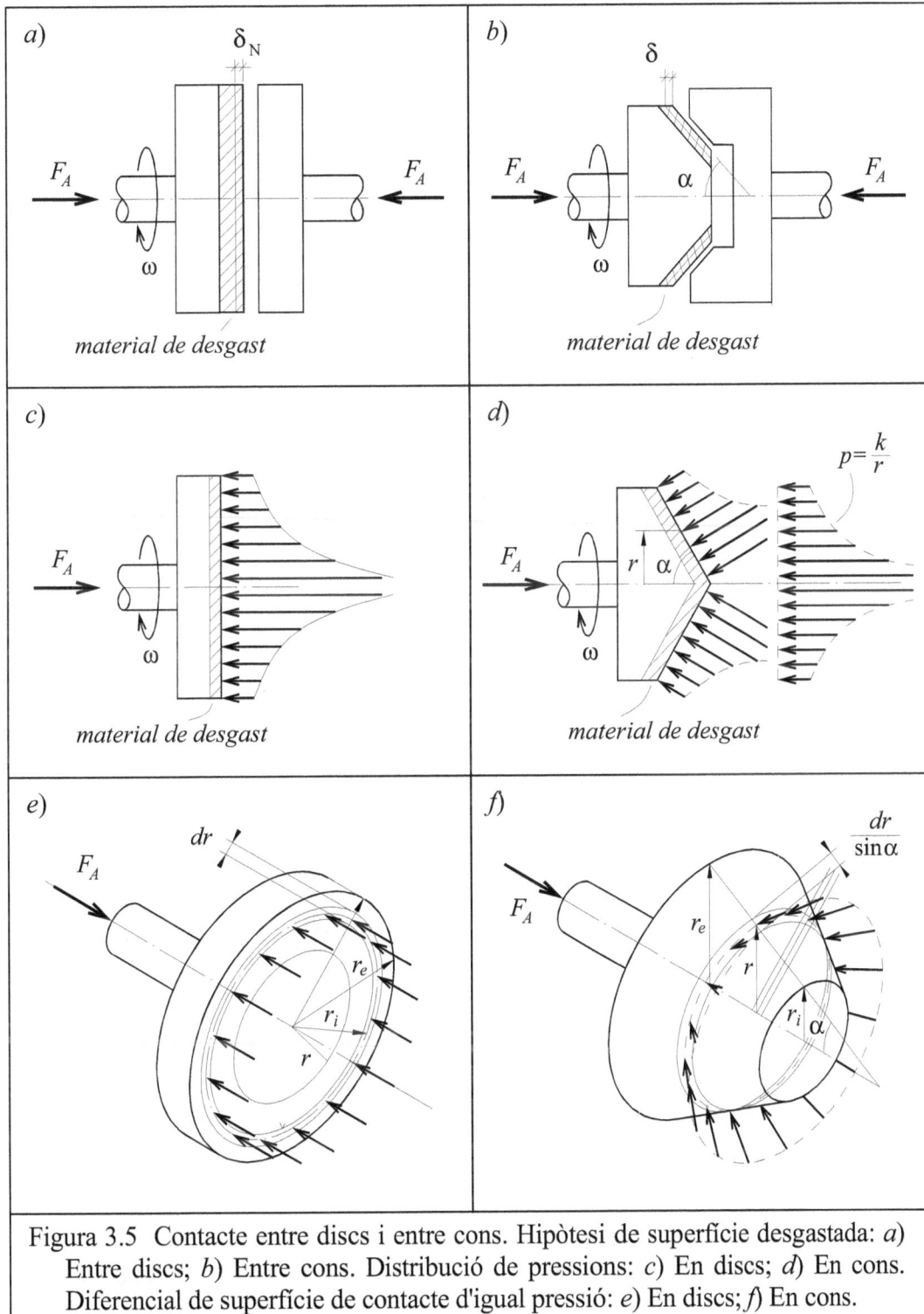

Figura 3.5 Contacte entre discs i entre cons. Hipòtesi de superfície desgastada: *a*) Entre discs; *b*) Entre cons. Distribució de pressions: *c*) En discs; *d*) En cons. Diferencial de superfície de contacte d'igual pressió: *e*) En discs; *f*) En cons.

La pressió màxima correspon al radi interior:

$$p_m = \frac{k}{r_i} = \frac{2 \cdot \xi^2}{\pi \cdot (\xi - 1)} \cdot \frac{F_A}{d_e^2} \tag{27}$$

Per al contacte cònic anular, el diferencial de superfície, ds (Figura 3.5f), amb la mateixa pressió, p, és (α = semiangle del con):

$$F_A = \int_{r_i}^{r_e} (p \cdot \sin\alpha) \cdot ds = \int_{r_i}^{r_e} \left(\frac{k}{r} \cdot \sin\alpha \right) \cdot \left(2 \cdot \pi \cdot r \cdot \frac{dr}{\sin\alpha} \right) = \frac{\xi - 1}{\xi} \cdot \pi \cdot k \cdot d_e \tag{28}$$

La pressió màxima té la mateixa expressió que per al contacte entre discs.

Moment resultant de les forces de frec

Aquest és l'altre paràmetre fonamental de l'estudi dels contactes discoïdals i dels contactes cònics. Es calcula a partir d'integrar el diferencial del parell de forces tangencials de fricció, o sigui: el producte de la pressió, p, pel diferencial de superfície sotmès a la mateixa pressió, ds, (s'obté la força normal), pel coeficient de fricció, μ (s'obté la força de fricció tangencial), i pel radi, r (s'obté el parell de fricció). Per al contacte discoïdal el parell de fricció d'una cara de treball s'expressa:

$$M_f = \int_{r_i}^{r_e} \mu \cdot (p \cdot ds) \cdot r = \int_{r_i}^{r_e} \mu \cdot \left(\frac{k}{r} \right) \cdot (2 \cdot \pi \cdot r \cdot dr) \cdot r = \frac{\pi \cdot (\xi^2 - 1)}{4 \cdot \xi^2} \cdot \mu \cdot k \cdot d_e^2 \tag{29}$$

Si es relaciona el parell de fricció de una cara de treball amb la força axial s'obté:

$$\frac{M_f}{F_A} = \frac{\xi + 1}{4 \cdot \xi} \cdot \mu \cdot d_e \tag{30}$$

El parell de fricció per al contacte cònic anular és:

$$M_f = \int_{r_i}^{r_e} \mu \cdot (p \cdot ds) \cdot r = \int_{r_i}^{r_e} \mu \cdot \left(\frac{k}{r} \right) \cdot \left(2 \cdot \pi \cdot r \cdot \frac{dr}{\sin\alpha} \right) \cdot r = \frac{\pi \cdot (\xi^2 - 1)}{4 \cdot \xi^2} \cdot \frac{\mu}{\sin\alpha} \cdot k \cdot d_e^2 \tag{31}$$

I, la relació entre el parell de fricció de una cara cònica de treball i la força axial:

$$\frac{M_f}{F_A} = \frac{\xi + 1}{4 \cdot \xi} \cdot \frac{\mu}{\sin\alpha} \cdot d_e \tag{32}$$

O sigui que, en el contacte entre cons, per a una mateixa força axial, el parell de fricció queda amplificat pel factor $1/\sin\alpha$ i, com més petit és l'angle α (semiangle del con), més gran és aquest factor d'amplificació.

Optimització del radi interior

El diàmetre exterior, d_e, condiciona la dimensió del mecanisme, mentre que el diàmetre interior, d_i, determina la pressió màxima, $p_{màx}$, limitada per la pressió admissible del material, p_{adm}. Partint, doncs, d'un diàmetre exterior fixat (en definitiva, d'unes dimensions exteriors donades) i d'una pressió admissible del material, es pot plantejar quin seria el diàmetre interior que permetria la màxima transmissió de parell.

A tal fi, es parteix de l'equació (35) del parell de fricció transmès per un contacte cònic (inclou com a cas particular el contacte discoïdal) i se substitueix el paràmetre k per la seva expressió en funció de la pressió màxima ($k = p_{màx} \cdot r_i = = p_{màx} \cdot d_e/(2 \cdot \xi)$):

$$M_{f\,màx} = \frac{\pi \cdot (\xi^2 - 1)}{8 \cdot \xi^3} \cdot \frac{\mu}{\sin \alpha} \cdot p_{màx} \cdot d_e^3 \tag{33}$$

Es deriva respecte al diàmetre interior, d_i, i s'iguala l'expressió de la derivada a zero per a obtenir un extrem (en principi, un màxim):

$$\frac{dM_{f\,màx}}{d\xi} = \frac{\pi \cdot \mu \cdot p_{màx} \cdot d_e^3}{8 \cdot \sin \alpha} \cdot \frac{-\xi^2 + 3}{\xi^4} = 0 \tag{34}$$

A partir de l'anterior expressió i, tenint en compte que el primer factor és necessàriament diferent de zero, es planteja la igualtat a zero del segon factor:

$$\xi^2 - 3 = 0 \quad \Rightarrow \quad \xi = \frac{r_e}{r_i} = \frac{d_e}{d_i} = \sqrt{3} \tag{35}$$

Es comprova que proporciona un parell de fricció màxim que val:

$$M_{f\,(opt)} = \frac{\sqrt{3} \cdot \pi}{36} \cdot \frac{\mu}{\sin \alpha} \cdot p_{màx} \cdot d_e^3 \tag{36}$$

En el cas general, la relació entre el parell de fricció òptim i la força axial és:

$$M_{f\,(opt)} = \frac{\sqrt{3} + 1}{4 \cdot \sqrt{3}} \cdot \frac{\mu}{\sin \alpha} \cdot d_e \cdot F_A \tag{37}$$

Embragatges o frens multidisc

Una de les formes més habituals (encara que no l'única) de disposar aquests mecanismes de frec és per mitjà d'una successió de discs (constructivament seria molt complex disposar una successió de cons) lligats de forma que transmeten el parell alternativament a l'arbre motor i a l'arbre receptor, però que poden desplaçar-se lleugerament en sentit axial. D'aquesta manera, quan s'aplica una força entre els extrems del conjunt de discs, es produeix un empaquetament on treballen en paral·lel tots els contactes entre discs amb moviment relatiu (número z).

Les equacions de la força axial i del parell en els embragatges multidisc són:

$$F_A = \frac{\pi \cdot (\xi - 1)}{2 \cdot \xi^2} \cdot p_{màx} \cdot d_e^2$$

$$M_f = z \cdot \frac{\pi \cdot (\xi^2 - 1)}{8 \cdot \xi^3} \cdot \mu \cdot p_{màx} \cdot d_e^2 = z \cdot \frac{\xi + 1}{4 \cdot \xi} \mu \cdot d_e \cdot F_A$$

(38)

L'embragatge d'un automòbil acostuma a estar constituït per un disc que treballa per les dues cares ($z=2$). Altres embragatges industrials poden tenir des de $z=10 \div 20$ cares actives i la transmissió de parell queda multiplicada per aquest factor, essent la força axial la que correspon a la de cada disc.

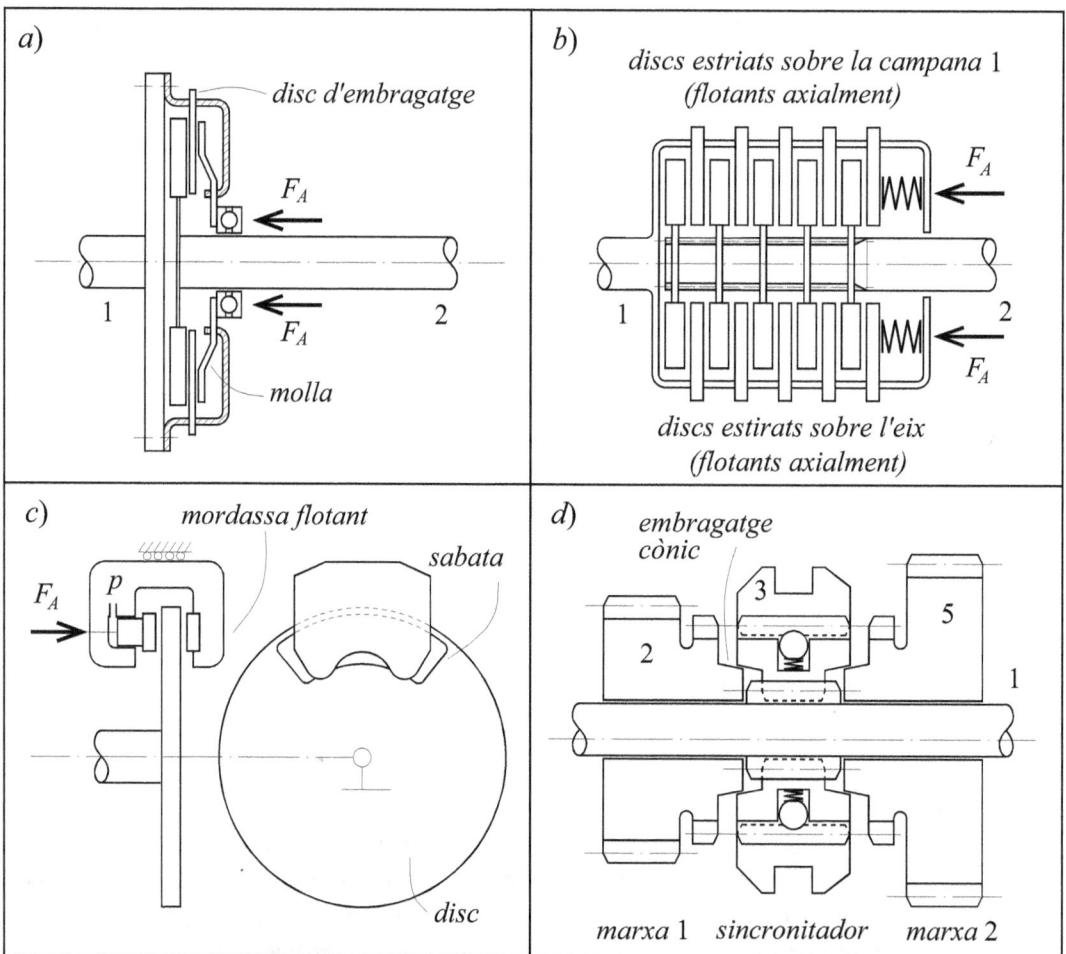

Figura 3.6　Embragatges i frens discoïdals i cònics: *a*) Embragatge d'automòbil ($z=2$); *b*) Embragatge multidisc ($z=10$); *c*) Fre de disc (sectorial); *d*) Sincronitzador de dues marxes d'un canvi de marxes.

Taula 3.2	Paràmetres i relacions en contactes entre discs i entre cons

b_A	$= (d_e - d_i)/(2 \cdot \tan\alpha) =$ Distància axial de contacte
d_e, r_e	$=$ Diàmetre, radi exterior del disc
d_i, r_i	$=$ Diàmetre, radi interior del disc
p	$= k/r =$ Distribució de pressions de contacte
$p_{màx}, p_{adm}$	$=$ Pressió màxima de contacte, pressió admissible de contacte
z	$=$ Nombre de cares de treball d'un sistema multidisc
$F_A, F_{A(opt)}$	$=$ Força axial, força axial en discs de $\xi = 1{,}7321$
$M_f, M_{f(opt)}$	$=$ Parell de fricció, parell de fricció en discs de $\xi = 1{,}7321$
α	$=$ Semiangle del con
β	$=$ Angle d'una mordassa sectorial
ξ	$= d_e/d_i = r_e - r_i =$ Relació de diàmetres, o radis
μ	$=$ Coeficient de fricció entre discs i entre cons
ω_{12}	$=$ Velocitat angular relativa del tambor respecte la sabata

Contactes discoïdals (fórmules generals)	Contactes cònics (fórmules generals)
$\xi = \dfrac{r_e}{r_i} = \dfrac{d_e}{d_i}$	$\xi = \dfrac{r_e}{r_i} = \dfrac{d_e}{d_i}$
$F_A \leq \dfrac{\pi \cdot (\xi - 1)}{2 \cdot \xi^2} \cdot p_{adm} \cdot d_e^2$	$F_A \leq \dfrac{\pi \cdot (\xi - 1)}{2 \cdot \xi^2} \cdot p_{adm} \cdot d_e^2$
$M_f \leq z \cdot \dfrac{\pi \cdot (\xi^2 - 1)}{8 \cdot \xi^3} \cdot \mu \cdot p_{adm} \cdot d_e^3$	$M_f \leq z \cdot \dfrac{\pi \cdot (\xi^2 - 1)}{8 \cdot \xi^3} \cdot \dfrac{\mu}{\sin\alpha} \cdot p_{adm} \cdot d_e^3$
$M_f = z \cdot \dfrac{\xi + 1}{4 \cdot \xi} \cdot \mu \cdot d_e \cdot F_A$	$M_f = z \cdot \dfrac{\xi + 1}{4 \cdot \xi} \cdot \dfrac{\mu}{\sin\alpha} \cdot d_e \cdot F_A$
(geometria òptima)	(geometria òptima)
$d_e = \sqrt{3} \cdot d_i = 1{,}7321 \cdot d_i$ $F_{A(opt)} \leq 0{,}3833 \cdot p_{adm} \cdot d_e^2$ $M_{f(opt)} \leq z \cdot 0{,}1511 \cdot \mu \cdot p_{adm} \cdot d_e^3$ $M_{f(opt)} = z \cdot 0{,}3943 \cdot \mu \cdot d_e \cdot F_{A(opt)}$	$d_e = \sqrt{3} \cdot d_i = 1{,}7321 \cdot d_i$ $F_{A(opt)} \leq 0{,}3833 \cdot p_{adm} \cdot d_e^2$ $M_{f(opt)} \leq z \cdot 0{,}1511 \cdot \dfrac{\mu}{\sin\alpha} \cdot p_{adm} \cdot d_e^3$ $M_{f(opt)} = z \cdot 0{,}3943 \cdot \dfrac{\mu}{\sin\alpha} \cdot d_e \cdot F_{A(opt)}$

Exemple 3.3: Embragatge d'automòbil

Enunciat

Un motor d'automòbil dóna un parell màxim de $M_m=180$ N·m que ha de ser transmès a través d'un embragatge format per dues cares. Per raons constructives cal que el radi interior sigui el 70% del radi exterior, el coeficient de fricció és de $\mu=0,35$ i la pressió màxima no ha de sobrepassar el valor admissible $p_{adm}=0,15$ MPa. Es demanen les dimensions de l'embragatge.

Resposta

En aquest embragatge treballen dues cares (per tant, és $z=2$) i la relació de radis és de $\xi=d_e/d_i=1/0,70$. Treballant al límit de les dades d'aquest problema (parell transmès i pressió admissible en el material), les dimensions del disc de l'embragatge són, introduint aquests valors a les fórmules (38):

$$M_f = z \cdot \frac{\pi \cdot (\xi^2 - 1)}{8 \cdot \xi^3} \cdot \mu \cdot p_{màx} \cdot d_e^3 \qquad \xi = \frac{1}{0,70} = 1,4286$$

$$d_e = 230,4 \; mm \qquad d_i = 161,3 \; mm \tag{39}$$

Adoptant una geometria òptima, les dades serien: $d_e=224,7$ mm i $d_i=129,7$ mm.

Frens de discs sectorials

Els frens davanters de la majoria d'automòbils consten d'un disc d'acer que gira solidari a la roda i de dues mordasses sectorials, una per cada cantó, flotants en el sentit axial però amb el moviment de rotació bloquejat que, accionades per un pistó hidràulic, empresonen el disc i produeixen el parell de frenada (Figura 3.7). Les equacions d'aquest sistema són anàlogues a les expressions (38) amb $z=2$, on enlloc de l'angle abraçat, $2\cdot\pi$, es pren l'angle del sector de la mordassa, β:

$$F_A = \frac{\beta \cdot (\xi - 1)}{4 \cdot \xi^2} \cdot p_{màx} \cdot d_e^2$$

$$M_f = z \cdot \frac{\beta \cdot (\xi^2 - 1)}{16 \cdot \xi^3} \cdot \mu \cdot p_{màx} \cdot d_e^3 = z \cdot \frac{\xi + 1}{4 \cdot \xi} \cdot \mu \cdot d_e \cdot F_A \tag{40}$$

De fet, la relació entre el parell i la força normal és la que correspon a un sistema de disc (normalment de dues cares, $z=2$), però la relació entre la força axial i la pressió màxima és més desfavorable, a causa de la superfície més reduïda:

$$p_{màx} = \frac{4 \cdot \xi^2}{\beta \cdot (\xi - 1)} \cdot \frac{F_A}{d_e^2} \leq p_{adm} \tag{41}$$

Exemple 3.4: Fre de davant d'automòbil

Enunciat

Un automòbil de 800 kg de massa frena amb els dos frens de les rodes del davant (d_{rod}=600 mm) des d'una velocitat de 108 km/h fins a l'aturada amb 4 segons. Els frens són de disc (sectorials) i tenen les següents característiques: radi exterior, d_e=300 mm; radi interior, d_i=180 mm; angle del sector: β=75°; coeficient de fricció: μ=0,35. Es demana: *a*) Valor de la força axial necessari sobre les mordasses del fre; *b*) Pressió màxima de contacte (Figura 3.7).

Resposta

Les dades de la frenada del vehicle són les següents (v=30 m/s; el parell es reparteix entre dues rodes, $n=2$):

$$a_f = \frac{v}{t} = 7,5 \ m/s^2 \quad F_f = m \cdot a_f = 6000 \ N \quad M_{frod} = \frac{F_f \cdot r_{rod}}{n} = 900 \ N \cdot m \quad (42)$$

a)   El valor de la força axial que exerceix el cilindre hidràulic sobre les mordasses és (actua per dues cares, $z=2$; relació de diàmetres $\xi=d_e/d_i=1,667$):

$$F_A = \frac{4 \cdot \xi}{z \cdot (\xi+1)} \cdot \frac{M_{frod}}{\mu \cdot d_e} = 10714,3 \ \ N \quad (43)$$

I, la pressió màxima de contacte (relativament elevada) és:

$$p_{màx} = \frac{4 \cdot \xi^2}{\beta \cdot (\xi-1)} \cdot \frac{F_A}{d_e^2} = 1,516 \ MPa \quad (44)$$

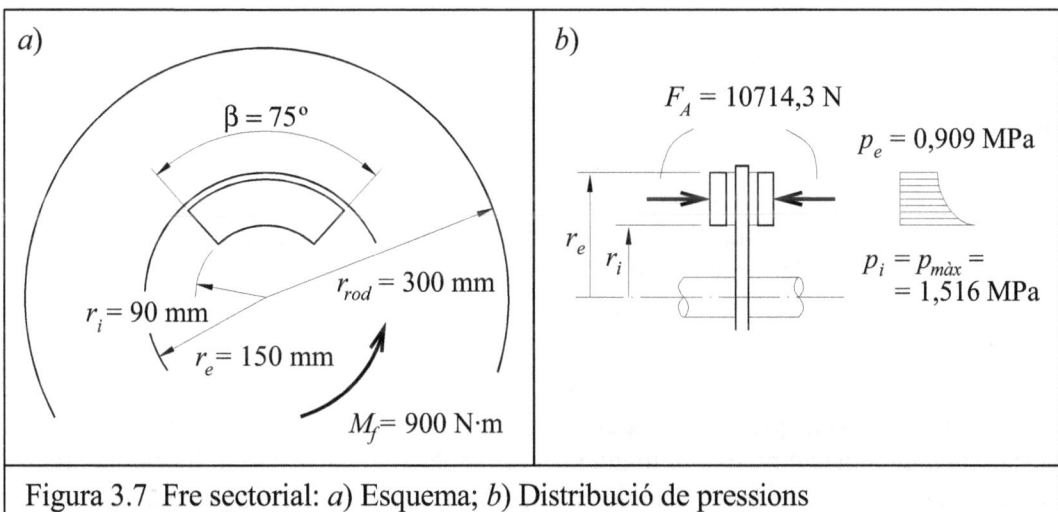

Figura 3.7 Fre sectorial: *a*) Esquema; *b*) Distribució de pressions

3.6 Cons de fricció i autoretenció

En un contacte cònic, com més petit és l'angle del con, més gran és l'efecte multiplicador de la força axial, F_A, per a donar el parell de fricció, M_f. Tanmateix, si l'angle del con esdevé excessivament petit, pot arribar a donar-se el cas que, després d'haver exercit la força axial, les dues superfícies quedin autoretingudes i no es desfaci la unió simplement deixant d'exercir la força axial.

Aquest fenomen pot ser negatiu en algunes aplicacions (especialment en els embragatges cònics, en determinats managaments d'eines desmuntables, o en les molles anulars) però positiu en d'altres (managaments fixos d'eines).

Condició d'autoretenció en cons

Inicialment s'estudia el problema de la unió i separació de superfícies còniques sense moviment de rotació relatiu per, més endavant, introduir aquest moviment.

Es plantegen les forces del sistema en un pla diametral, amb les forces de contacte concentrades en un punt (en tota la superfície, la força de contacte, F_C, i la força axial, F_A, guarden la mateixa relació), i s'estableix l'equilibri en la direcció de l'eix, ja que les forces en les direccions normals es compensen gràcies a la simetria axial

Connexió de superfícies còniques
Suposant que s'aplica la força axial sense que hi hagi moviment de lliscament circular (ja que si n'hi hagués es produiria un moviment de deriva en què el component principal de la força de fricció seria tangencial), l'equilibri de forces és (Figura 3.8a):

$$F_A = F_C \cdot \sin(\alpha + \rho) \tag{45}$$

En la connexió de dues superfícies còniques, sempre cal una força axial positiva (en el sentit de l'acoblament dels dos cons), ja que se sumen el semiangle del con, α, i l'angle de fricció, ρ.

Separació de superfícies còniques
Quan es retira la força axial, la força de fricció i l'angle de fricció canvien de sentit i l'equilibri és l'assenyalat en la Figura 3.8b:

$$F_A = F_C \cdot \sin(\alpha - \rho) \tag{46}$$

Si el semiangle del con és superior a l'angle de fricció ($\alpha > \rho$) l'equilibri es manté mentre hi ha una força axial que tendeix a connectar les superfícies (Figura 3.8b), però quan desapareix, el contacte no es pot mantenir i les superfícies se separen. Si, per contra, el semiangle del con és inferior a l'angle de fricció ($\alpha < \rho$) l'equilibri es pot mantenir sense cap força axial (Figura 3.8c), ja que la força de contacte (suma de la normal i la tangencial de fricció) pot situar-se en un pla normal a l'eix del con tot passant per l'interior dels cons d'adherència. En aquest cas, per separar les superfícies, cal exercir una força negativa (en el sentit de separació dels cons; Figura 3.8d), el valor de la qual ve donada per la mateixa expressió (46).

Connexió i separació de cons amb moviment de rotació

Si el semiangle del con és superior al de fricció (condició de no autoretenció), el sistema funciona com els discs de fricció, o sigui, pot lliscar en el sentit de rotació durant la connexió i se separa quan es deixa d'exercir la força axial (el moviment de deriva anul·la pràcticament els components de la força de fricció en el pla axial). Però si el semiangle del con és menor que el de fricció, el contacte no és apte per al lliscament de rotació i queda autoretingut quan es deixa d'exercir la força axial: és adequat per a unions forçades autocentrants, o en managaments d'eines.

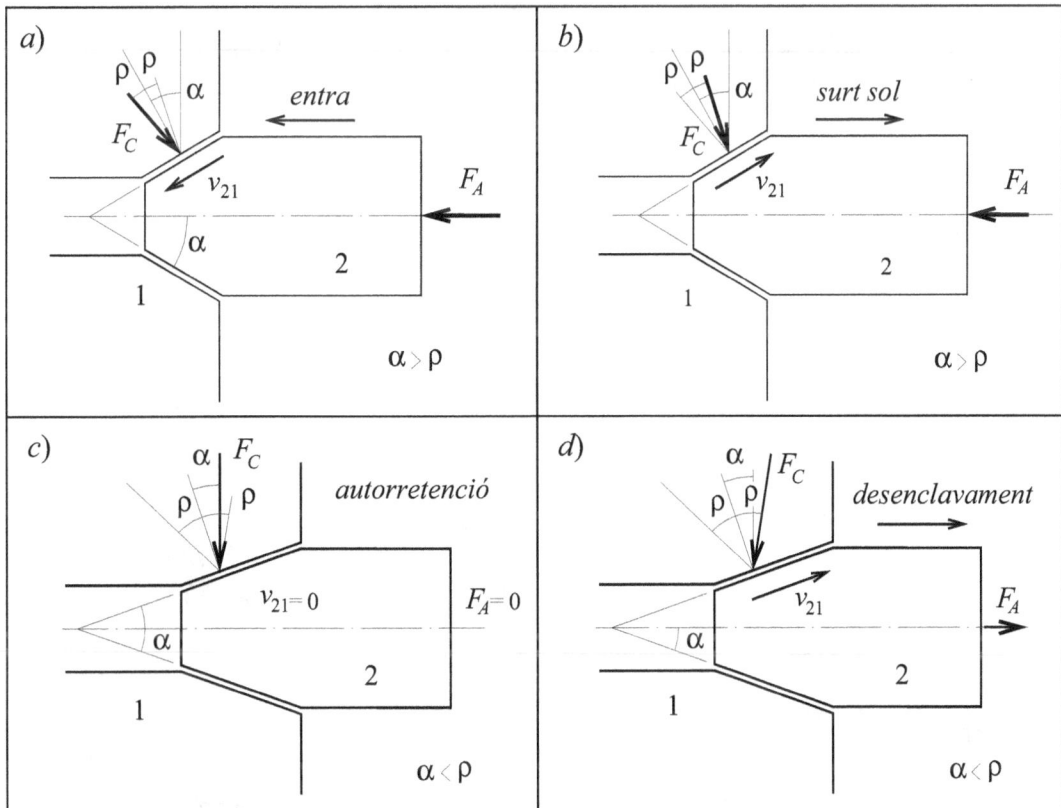

Figura 3.8 Unió i separació de cons: *a*) Equilibri de forces en la unió de cons; *b*) Equilibri de forces en la separació de cons sense autoretenció; *c*) Equilibri de forces en cons amb autoretenció i sense força axial; *d*) Equilibri de forces en la separació de cons amb autoretenció.

Exemple 3.5: Sincronitzador de canvi de marxes

Enunciat

En els canvis de marxes d'automòbils, les marxes es connecten per mitjà d'unes unions estriades suficients per transmetre el parell del motor. Però, si en el moment de la connexió les dues parts no giren a la mateixa velocitat, es fa difícil d'entrar la marxa i es produeix la típica "rascada". El sincronitzador és un petit embragatge cònic que, empès pel mateix desplaçament axial de la marxa, produeix una sincronització prèvia de les dues parts abans d'entrar la marxa (Figura 3.9).

En una marxa concreta, la inèrcia dels membres que han de ser sincronitzats (receptors) és de $J_r = 0,0005$ kg·m^2 i la velocitat inicial és $\omega_r = 210$ rad/s (2005,4 min^{-1}), mentre que l'arbre motor gira a la velocitat de $\omega_m = 250$ rad/s (2387 min^{-1}). Les dimensions del sincronitzador són: diàmetre exterior, $d_e = 64$ mm; diàmetre interior, $d_i = 56$ mm; distància axial de la zona de contacte: $b_A = 10$ mm; coeficient de fricció: $\mu = 0,30$; força axial: $F_A = 10$ N. Es demana: *a*) Analitzeu si hi ha perill d'autoretenció axial en el sincronitzador; *b*) Temps de sincronització (o temps en què s'igualen les dues velocitats).

Resposta

a)   El semiangle del con del sincronitzador és

$$\tan \delta = \frac{d_e - d_i}{2 \cdot b_A} = \frac{64 - 56}{2 \cdot 10} = 0,4 \quad \Rightarrow \quad \delta = 21,80° \tag{47}$$

Mentre que l'angle de fricció és:

$$\mu = \tan \rho = 0,30 \quad \Rightarrow \quad \rho = 16,70° \tag{48}$$

L'angle del con és petit per aprofitar el màxim la força axial però, alhora, s'ha dissenyat suficientment allunyat de la condició d'autoretenció ($\delta > \rho$) per evitar que les superfícies quedin autoretingudes després de la primera connexió.

b)   El parell que transmet el sincronitzador és:

$$M_f = \frac{\mu \cdot (d_e + d_i)}{4 \cdot \sin \delta} \cdot F_A = 0,242 \quad \text{N·m} \tag{49}$$

L'acceleració angular del membre receptor i el temps de sincronització, són:

$$\alpha = \frac{M_f}{J_r} = 484,665 \quad \text{rad/s}^2 \qquad t = \frac{\omega_m - \omega_r}{\alpha} = 0,082 \quad \text{s} \tag{50}$$

Si es realitza el canvi de marxes lentament, es percep una certa resistència prèvia a l'entrada de la marxa que és la força d'accionament del sincronitzador.

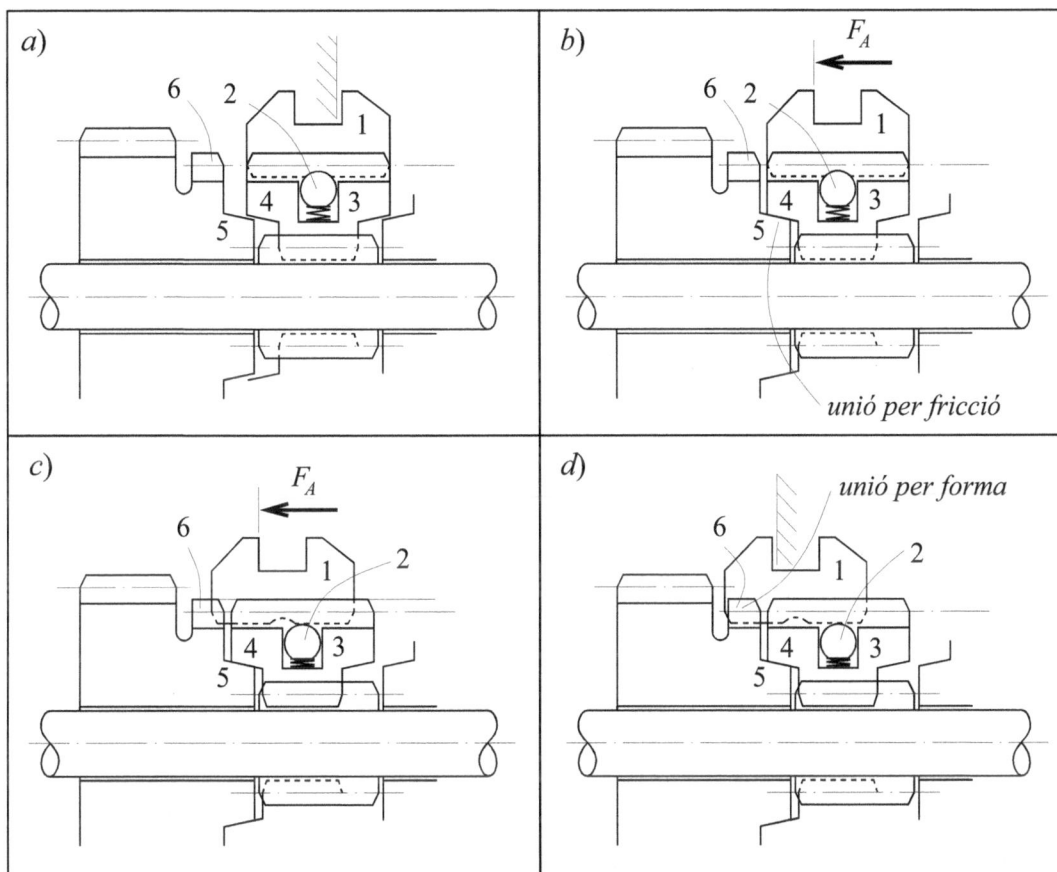

Figura 3.9   Esquema de funcionament d'un sincronitzador de canvi de marxes d'automòbil: *a*) Punt mort; L'anell sincronitzador 3 (estriat sobre l'eix) i l'element ranurat 1 (estriat sobre 3) giren a la velocitat de l'eix, mentre que la roda dentada 5 gira boja sobre l'eix; *b*) Per entrar la marxa, s'empeny axialment (per la ranura) l'element 1 que arrossega l'anell sincronitzador 3 (gràcies a la bola 2 interposada entre ells i retinguda per una molla) fins que la superfície cònica interior 4 de l'anell sincronitzador pren contacte amb la superfície corresponent de la roda dentada 5; *c*) La força axial que obliga a escamotejar la bola 2 en comprimir la molla, és la que actua sobre l'embragatge cònic del sincronitzador: la velocitat de la roda dentada s'accelera en un temps molt breu fins a igualar la de l'eix; *d*) Igualades les velocitats, l'element 1 avança i abraça la part estriada de la roda dentada tot donant lloc a una unió per forma que transmet la potència del motor.

4 Frec amb un membre flexible

4.1   Frens de cinta. Distribució de pressions

Introducció

El fenomen de frec en el contacte entre un membre flexible i una superfície cilíndrica rígida proporciona el model conceptual sobre el qual es basen diversos mecanismes com ara els *frens de cinta* (basats en la fricció o frec dinàmic), les *transmissions de corretja*, les *transmissions de cable tambor*, o els *sistemes de transport de bandes* (basats en l'adherència o frec estàtic).

El model d'aquest fenomen parteix d'un membre de rigidesa molt elevada en el sentit longitudinal i rigidesa molt baixa (o nul·la) en sentit transversal, anomenat també *membre unirígid*, (com ara un fil, una corda, un cable, una cinta, una banda o una corretja), que envolta i estableix contacte amb un altre membre rígid de forma cilíndrica, generalment de revolució (com ara un corró, un tambor, o una politja).

En funció de les forces (també anomenades tensions) en els extrems de la cinta, del radi del cilindre i de l'angle abraçat en el contacte, s'estableix una determinada llei de distribució de pressions entre el membre flexible i el cilindre, així com també una determinada distribució de forces tangencials de fricció o d'adherència, relacionada amb la distribució de forces normals, segons que les parts llisquin o intentin lliscar.

Model del contacte cinta-cilindre

Se suposa un element flexible (o *cinta*) que abraça un arc d'una superfície cilíndrica còncava de forma qualsevol (Figura 4.1a). Sobre els extrems de la cinta s'exerceixen dues forces tangencials de tracció (sovint també denominades *tensions*), de valors diferents, $F_2 > F_1$, que s'equilibren amb les forces de contacte, normals i tangencials de frec. S'aïlla una part d'element flexible i s'estableix l'equilibri de forces en un petit arc de curvatura constant (Figura 4.1c) on, per simplificar, es considera que el gruix de l'element flexible és molt petit en relació al radi de curvatura, ρ.

A partir d'uns eixos de coordenades en les direccions tangencial, Oy, i normal, Ox, es poden establir les següents equacions sobre el diferencial d'element de contacte:

$$\sum F_x = dF - \mu \cdot p \cdot ds = 0$$
$$\sum F_y = p \cdot ds - F \cdot d\theta = 0 \tag{1}$$

Combinant aquestes equacions i integrant el resultat, s'obté l'equació d'Eytelwein:

$$\mu \cdot d\theta = \frac{dF}{F} \qquad \mu \cdot (\theta_2 - \theta_1) = \ln F_2 - \ln F_1 \qquad \frac{F_2}{F_1} = e^{\mu \cdot (\theta_2 - \theta_1)} \tag{2}$$

Aquesta simple expressió conté la base de moltes de les aplicacions derivades del contacte entre un element flexible i una superfície cilíndrica:

a) *Independència del radi de la superfície cilíndrica.* L'equació de la relació de forces de tracció depèn de la diferència d'angles (o de l'angle de contacte) determinat per les tangents de la cinta a l'entrada i a la sortida del contacte amb la superfície cilíndrica, però no del radi de curvatura (i per tant, tampoc de la seva variació). Per exemple, els tres casos mostrats a la Figura 4.1d tenen el mateix angle de contacte total (i, per tant, els mateixos efectes sobre les forces de tracció de les cintes) malgrat que les formes són completament diferents i que, en el tercer cas, hi ha una discontinuïtat en el contacte.

b) *Creixement exponencial de la força de tracció amb l'angle de contacte.* El quocient entre les forces de tracció creix exponencialment amb l'angle de contacte. Això vol dir que petites variacions en l'angle de contacte poden incidir de forma determinant en què la cinta rellisqui o no rellisqui sobre la superfície.

c) *Creixement exponencial de la força de tracció amb el coeficient de fricció.* El quocient entre les forces de tracció també creix exponencialment amb el coeficient de fricció. Aquesta és la causa de l'eficàcia de les corretges trapezials que tenen un coeficient de fricció aparent unes tres vegades superior al de les corretges planes.

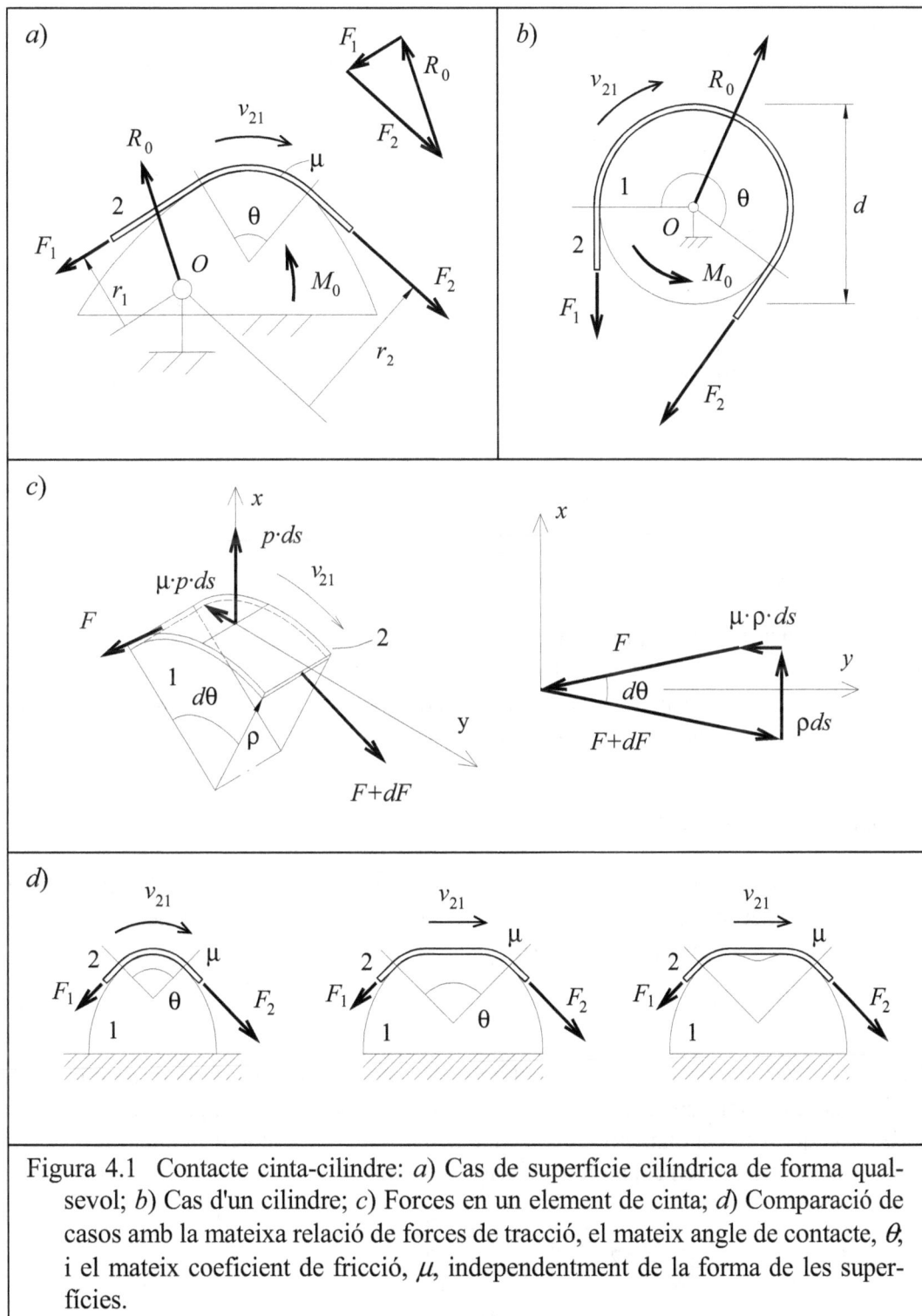

Figura 4.1 Contacte cinta-cilindre: *a*) Cas de superfície cilíndrica de forma qualsevol; *b*) Cas d'un cilindre; *c*) Forces en un element de cinta; *d*) Comparació de casos amb la mateixa relació de forces de tracció, el mateix angle de contacte, θ, i el mateix coeficient de fricció, μ, independentment de la forma de les superfícies.

Per a un punt qualsevol de la cinta definit per l'angle, θ, referenciat a l'extrem del contacte amb la força de tracció més baixa, F_1 (correspon a la sortida del contacte en el sentit marcat pel moviment de la superfície cilíndrica), la força de tracció de la cinta, F, ve definida per:

$$F = F_1 \cdot e^{\mu \cdot \theta} \tag{3}$$

Distribució de pressions

Retornant a les equacions de l'equilibri sobre l'element de cinta (1) i tenint en compte que un diferencial de superfície és el producte de l'amplada de la cinta (de fet del contacte), b, pel diferencial d'arc, $\rho_c \cdot d\theta$ (ρ_c és el radi de curvatura de la superfície cilíndrica), s'obté la següent relació:

$$p \cdot ds = p \cdot b \cdot \rho_c \cdot d\theta = F \cdot d\theta \qquad p = \frac{F}{b \cdot \rho_c} = \frac{F_1}{b \cdot \rho_c} \cdot e^{\mu \cdot \theta}$$

$$p_1 = \frac{F_1}{b \cdot \rho_c} \qquad p_2 = \frac{F_2}{b \cdot \rho_c} = p_1 \cdot e^{\mu \cdot (\theta_2 - \theta_1)} \tag{4}$$

Per tant, la distribució de pressions segueix una llei exponencial anàloga a la llei de forces de tracció que, partint de la pressió més baixa, p_1, corresponent a la força de tracció, F_1, creix exponencialment amb l'angle de contacte, θ, fins a arribar a la pressió més alta, p_2, corresponent a la força de tracció, F_2 (Figura 4.2a).

Moment de les forces de fricció

La consideració global de les forces que actuen sobre una superfície cilíndrica de forma qualsevol, permet afirmar que el moment de les forces de contacte respecte a l'eix de rotació de la superfície és (Figura 4.1a):

$$M_o = F_2 \cdot r_2 - F_1 \cdot r_1 = F_1 \cdot e^{\mu \cdot \theta} \cdot (r_2 - r_1) \tag{5}$$

Tanmateix, l'estudi del moment de les forces de contacte tan sols té sentit pràctic quan la cinta es mou sobre una superfície cilíndrica (o tambor) articulada pel seu eix (Figura 4.1b). En aquest cas el diàmetre és constant, d, i l'expressió d'aquest moment respecte a l'eix, O, es transforma en el parell de fricció:

$$M_f = (F_2 - F_1) \cdot \frac{d}{2} = F_1 \cdot \frac{d}{2} \cdot (e^{\mu \cdot \theta} - 1) = F_2 \cdot \frac{d}{2} \cdot (1 - e^{-\mu \cdot \theta}) \tag{6}$$

Reaccions sobre el tambor

La suma vectorial de les forces de tracció en els extrems de la cinta, F_1+F_2 (equivalent a la resultant de les forces de contacte) ha d'equilibrar-se amb les reaccions en els suports del tambor (coixinets o rodaments). Atès que les forces de tensió són de valors i direccions diferents, en general les reaccions sobre l'arbre del tambor no són nul·les. Molt sovint aquest equilibri cal plantejar-lo a l'espai.

Frens de cinta

Els frens de cinta estan constituïts per un tambor rotatori i una cinta que l'abraça amb els extrems fixos (o quasi fixos ja que, almenys, cal accionar-ne un d'ells). Aquest és el model estudiat fins ara on hi ha lliscament i fricció entre els membres en contacte (més endavant s'estudien sistemes anàlegs amb adherència). En general, les cintes de fre tenen una certa rigidesa transversal que, si bé no afecta de forma determinant el model de fricció establert anteriorment, sí que és suficient perquè, en deixar de fer l'acció de frenada, la cinta retorni a la seva forma original, lleugerament separada del tambor. Entre les diferents disposicions de fre de cinta, n'hi ha dues que tenen un interès especial: Els *frens de cinta de gran angle de contacte* i els *frens de cinta diferencials*. Abans, però, s'estudien els efectes primari i secundari que depèn de l'extrem per on s'acciona el fre i del sentit de gir del tambor.

Efecte primari i efecte secundari

Un fre de cinta s'acciona normalment fixant un dels extrems de la cinta a la base i estirant per l'altre extrem. Per a una mateixa força d'accionament del fre, F_A, si s'aplica a l'extrem amb froça de tracció més petita ($F_A=F_1$), el parell de frenada serà més gran (*efecte primari*) i, si s'aplica a l'extrem de força de tracció més gran ($F_{A}=F_2$), el parell de frenada serà més petit (*efecte secundari*):

$$M_{fp}=F_A\cdot r\cdot(e^{\mu\cdot\theta}-1) \qquad M_{fs}=F_A\cdot r\cdot(1-e^{-\mu\cdot\theta}) \tag{7}$$

La primera expressió correspon al *parell de frenada primari* que s'obté quan el tambor gira vers l'extrem de la cinta on s'aplica la força, F_A, mentre que la segona correspon al *parell de frenada secundari* que s'obté canviant l'extrem fix o fent girar el tambor en sentit contrari (Figura 4.2b i c). Atès que una funció exponencial és superior a 1 sempre que l'exponent sigui més gran de zero, el parell de frenada primari és sempre superior al parell de frenada secundari, essent la relació tant més gran com més ho és l'exponent (producte del coeficient de fricció, μ, per l'angle de contacte, θ):

$$\frac{M_{fp}}{M_{fs}}=\frac{F\cdot r\cdot(e^{\mu\cdot\theta}-1)}{F\cdot r\cdot(1-e^{-\mu\cdot\theta})}=\frac{e^{\mu\cdot\theta}\cdot(1-e^{-\mu\cdot\theta})}{(1-e^{-\mu\cdot\theta})}=e^{\mu\cdot\theta} \tag{8}$$

Fre de cinta de gran angle de contacte

Atès que el parell de frenada creix molt ràpidament amb l'angle de contacte, per a obtenir una frenada gran amb unes dimensions reduïdes, es construeixen frens amb cintes disposades de forma lleugerament helicoïdal de manera que poden abraçar una volta o més (Figura 4.2d).

Per a obtenir una frenada eficaç, cal accionar la cinta per l'extrem de la força de tracció menor (efecte primari) i, aleshores, el parell de frenada primari por arribar a ser molt elevat en relació a la força d'accionament, F_A, segons l'expressió $M_f = F_A \cdot r \cdot (e^{(\mu \cdot \theta)} - 1)$. A títol indicatiu, en la taula que ve a continuació es donen xifres del factor $e^{(\mu \cdot \theta)}$:

Taula 4.1		Relació entre forces de tracció en un fre de cinta: $F_2/F_1 = e^{(\mu \cdot \theta)}$									
		Angle de contacte: $\theta = n \cdot (2\pi)$; n=nombre de voltes									
		0,25	0,50	0,75	1,00	1,50	2,00	2,50	3,00	3,50	4,00
	0,10	1,17	1,37	1,60	1,87	2,57	3,51	4,81	6,59	9,02	12,3
	0,15	1,26	1,60	2,03	2,57	4,11	6,59	10,6	16,9	27,1	43,4
	0,20	1,37	1,87	2,57	3,51	6,59	12,3	23,1	43,4	82,3	152
	0,25	1,48	2,19	3,25	4,81	10,6	23,1	50,8	111	244	535
μ	0,30	1,60	2,57	4,11	6,59	16,9	43,4	111	286	733	1881
	0,35	1,73	3,00	5,20	9,02	27,1	81,3	244	733	2202	6611
	0,40	1,87	3,51	6,59	12,3	43,4	152	535	1881	6611	23228
	0,45	2,03	4,11	8,34	16,9	69,5	286	1174	4830	19851	81612
	0,50	2,19	4,81	10,6	23,1	111	535	2576	12392	59610	286751

Amb coeficients de fricció compresos entre 0,20 i 0,40, i angles de contacte de fins a ¾ de volta (màxim que s'obté amb la cinta situada en un pla), l'eficàcia de frenada és relativament baixa. Tanmateix, si els angles de contacte se situen entre 1÷1½ voltes (valors freqüents en frens amb la cinta disposada helicoïdalment), l'eficàcia de la frenada és molt més gran, sense que les forces de tracció de la cinta siguin excessives. Angles de contacte més grans de 1½ volta difícilment permeten utilitzar tot el potencial teòric de la frenada ja que la limitació prové de la força de tracció màxima admissible en la cinta. Cintes que abracin més de 1½ voltes són pròpies d'aplicacions en què es busca l'adherència entre l'element flexible i el cilindre com ara determinats sistemes de cable tambor o corda tambor (els nusos també aprofiten aquesta propietat).

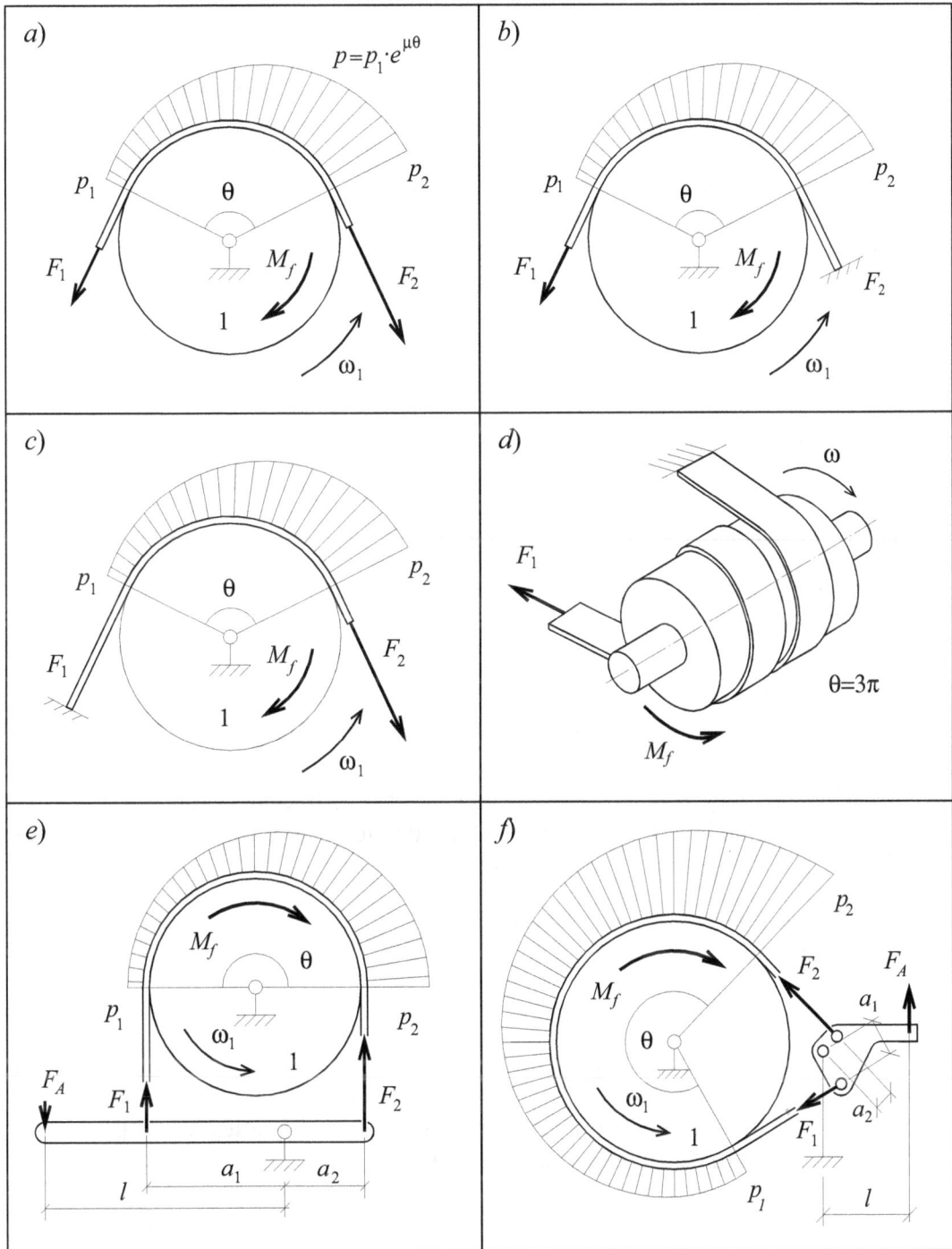

Figura 4.2 *a*) Distribució de forces de tracció / pressions en el contacte cinta cilindre (sentit determinat pel gir del tambor); *b*) Efecte primari; *c*) Efecte secundari; *d*) Fre de cinta de gran angle de contacte; *e*) i *f*) Frens de cinta diferencials.

Fre de cinta diferencial

Abans s'ha comentat que, segons l'extrem per on s'acciona la cinta (l'extrem amb la força de tracció baixa, F_1, o l'extrem amb la força de tracció alta, F_2), el fre de cinta té un efecte primari o secundari, respectivament. Si els dos extrems de la cinta d'un fre es fixen a dos punts d'una mateixa palanca de manera que els moments de les forces de tracció siguin de sentits contraris, amb una petita força d'accionament que doni el moment diferencial sobre la palanca es podrà obtenir un gran parell de frenada sobre el tambor, disposició que pren el nom de *fre de cinta diferencial* (Figura 4.3e i f).

En funció de les distàncies, a_1 i a_2, es poden donar les tres situacions següents:

a)   *La cinta del fre no actua*
     Si és $a_2 > a_1$, en actuar la força d'accionament, F_A, el desplaçament de l'extrem de la palanca lligat a F_2 és més gran que el lligat a F_1, la cinta s'afluixa i, per tant, el fre no actua (aquesta disposició funcionaria si el sentit de gir del tambor i el sentit de la força d'actuació, F_A, fossin els contraris).

b)   *Fre de cinta diferencial amb autoretenció*
     Si la distància a_1 està compresa entre els dos valors següents:

$$a_2 < a_1 \leq a_2 \cdot e^{(\mu \cdot \theta)} \quad \Rightarrow \quad F_A \leq 0 \tag{9}$$

     La cinta es tensa sobre el tambor, però la força d'accionament, F_A, que cal exercir és nul·la o negativa i el tambor queda bloquejat, o autoretingut, per la cinta. Vist des d'un altre punt de vista, el moment de la força de tracció F_2 sobre la palanca és igual o més gran i de sentit contrari que el de la força de tracció F_1 i, el mateix gir fa abraçar la cinta sobre el tambor fins a l'autoretenció.

c)   *Fre de cinta diferencial amb efecte primari*
     Finalment, si el valor de la distància, a_1, és:

$$a_1 > a_2 \cdot e^{\mu \cdot \theta} \tag{10}$$

     El parell exercit sobre la palanca per la força de tracció F_1 és més gran que l'exercit per F_2 i cal una força d'accionament, F_A, per a mantenir l'equilibri, la qual és molt menor, però, que la que caldria exercir si la cinta tan sols estés fixada per un dels dos extrems a la palanca (*efecte diferencial*).

Els frens de cinta diferencials també poden disposar-se d'altres formes, amb angles de contacte diferents (generalment més grans). La Figura 4.2f mostra una altra d'aquestes disposicions en què els paràmetres, a_1, a_2 i l tenen els mateixos significats que en el plantejament de la Figura 4.2e.

4.2 Transmissions de corretja, banda i cable

Les transmissions de corretja de frec, els sistemes de transmissió o transport de bandes i les transmissions de cable es basen també en el contacte entre un element flexible i un element rígid cilíndric, amb una distribució de forces de tracció i de pressions anàloga a la del fre de cinta però difereixen del fre en què, enlloc de funcionar en un règim de fricció (l'element flexible llisca sobre l'element rígid), funcionen en un règim d'adherència entre aquests dos elements (μ_0, límit d'adherència):

$$\frac{F_2}{F_1} < e^{(\mu_0 \cdot \theta)} \tag{11}$$

A continuació es descriuen les principals característiques i aplicacions d'aquests tres sistemes de transmissió.

Transmissions de corretja de frec

La transmissió de corretja de frec més senzilla fa intervenir un element flexible (la *corretja*) que abraça dos elements rígids cilíndrics (les *politges*) i la seva funció principal és transmetre el moviment i la potència entre dos eixos paral·lels (Figura 4.3a), essent un d'ells l'eix motor (el parell i el moviment tenen el mateix sentit) i l'altre l'eix receptor (el parell i el moviment tenen sentits contraris). És freqüent que la relació de transmissió, $i = \omega_1 / \omega_2$, sigui diferent de 1, generalment reductores ($i > 1$). Hi ha també transmissions de corretges en què la transmissió es realitza per forma, o sigui l'encaix de les dents en la corretja en les dents de les politges (*corretges dentades*) i no per força (adherència entre la corretja i les politges).

Altres disposicions de les transmissions de corretja fan intervenir tres o més eixos, generalment un d'ells motor i els altres receptors o, simplement, amb politges boges (sense parell aplicat) de reenviament o tensores (Figura 4.3b). Antigament, quan era freqüent l'ús de corretges planes en la transmissió de potència en les fàbriques i tallers (l'embarrat), les corretges s'entregiraven, o bé per a invertit el sentit del moviment, o bé per transmetre el moviment a politges en altres plans. Avui dia, l'ús més freqüent de les corretges trapezials ha fet decaure aquestes pràctiques (vegeu la comparació entre corretges planes i trapezials en la Secció 4.5).

També es pot pensar en la transmissió del moviment entre un eix de rotació i un membre amb desplaçament lineal lligat a un dels ramals de la corretja. Aquesta disposició, no habitual amb corretges de frec, és molt freqüent amb corretges dentades (no estudiades aquí) per a obtenir una transmissió sincrònica d'un eix angular a un eix lineal (impressores, robots).

En totes les transmissions de corretja de frec, cal assegurar que no hi ha lliscament entre la corretja i les politges, ja que la calor generada per la fricció destruiria la corretja en un temps molt breu. Cal preveure, doncs, un *dispositiu tensor* (vegeu la Secció 4.3) que és un dels elements més delicat del sistema. En les transmissions de corretja plana és important la forma de la secció transversal de les politges per assegurar l'estabilitat lateral de la corretja. Quan les corretges es mouen a velocitats elevades (cas força freqüent), cal de tenir en compte els efectes de les forces d'inèrcia centrífugues (Secció 4.4).

Transmissions o transports de bandes

Sistemes de transport que fan intervenir un o més elements flexibles, normalment plans i d'amplada relativament gran (les *bandes*) que abracen dos o més elements cilíndrics, generalment llargs i de poc diàmetre (els *corrons*). Des del punt de vista del funcionament, s'assemblen a una transmissió de corretja plana, però difereixen en la velocitat (normalment molt més lenta que en les corretges), en les dimensions dels seus elements (com s'ha dit, solen ser molt més amples) i en la seva finalitat, ja que l'objectiu de les bandes acostuma a ser el transport o l'acompanyament de materials suportats per la mateixa banda (granulats, productes alimentaris, caixes, peces; Figura 4.3c) o l'acompanyament de materials a través de trajectes més o menys complexos (màquines de manipular roba, de manipular paper; Figura 4.3d).

Els sistemes de transmissió de bandes solen tenir una estructura més complexa que les transmissions de corretja, i sovint comporten un nombre més elevat de corrons i de canvis de direcció de les bandes. No és rar que alguns d'aquests canvis de direcció es realitzi simplement lliscant la banda sobre una superfície corba fixa (sovint amb un radi molt petit) i, aleshores, el comportament de la banda sobre aquests elements es pot estudiar amb les equacions del lliscament, com si fos una cinta sobre un tambor de fre. Algunes bandes (o cintes) de transport llisquen sobre superfícies planes o es mouen sobre corrons uniformement distanciats, en un pla horitzontal o inclinat, amb la càrrega al damunt, fet que origina la principal força receptora (o resistent) del sistema. El moviment de les bandes acostuma a ser molt lent i, per tant, no se sol tenir en compte els efectes de les forces d'inèrcia.

Anàlogament a les transmissions de corretja, cal un sistema de tensatge per assegurar que el corró motor sigui capaç d'arrossegar el conjunt de bandes, així com també és molt important el centratge lateral de les bandes sobre els corrons, especialment quan les longituds són grans. Petits errors de paral·lelisme entre els corrons fan que la banda es desplaci vers un costat i salti per sobre d'eventuals pestanyes dels corrons, o es plegui longitudinalment sobre d'ella mateixa. Els dispositius de correcció del desplaçament lateral de la banda acostumen a ser elements que fan complex i encareixen el sistema. Algunes transmissions de banda porten sensors laterals i un dispositiu automàtic de centratge de la banda.

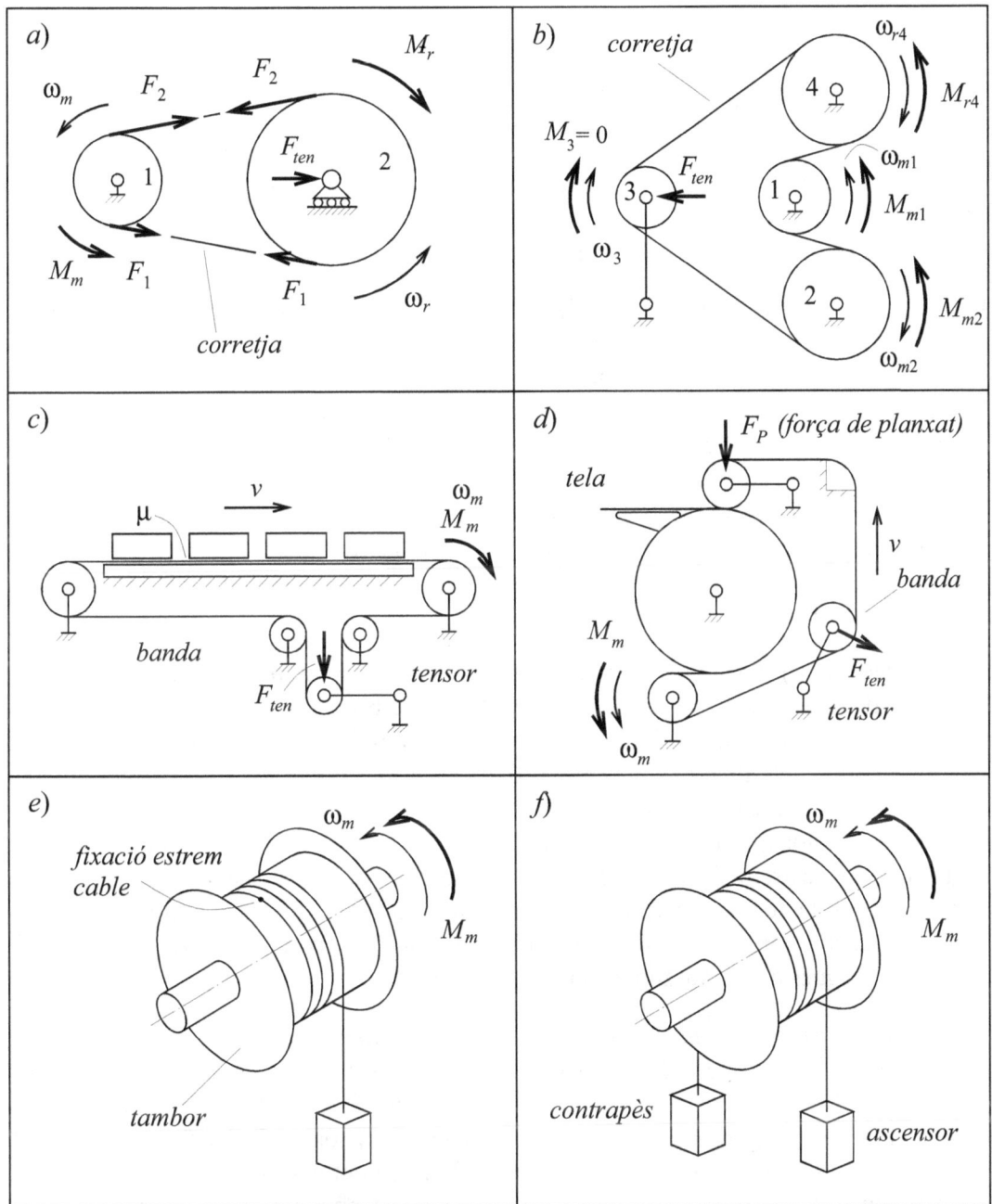

Figura 4.3 Transmissions de corretja de frec: *a*) Transmissió reductora simple entre dos eixos; *b*) Transmissió complexa entre un arbre motor, dos arbres receptors amb una politja tensora. Transmissions de bandes: *c*) Banda de transport; *d*) Sistema de bandes d'una planxadora. Transmissions per cable: *e*) Enrotllament d'un cable fix al tambor (grua); *f*) Enrotllament i desenrotllament d'un cable en un tambor (ascensor amb contrapès).

Transmissions de cable-tambor

Hi ha dos tipus fonamentals de transmissions que fan intervenir un cable: *a) Transmissions de cable funda*, on un cable es mou longitudinalment dintre d'una funda (fre de bicicleta) o es mou angularment dintre d'una funda (antics comptaquilòmetres d'automòbil) fa la funció d'element de referència; *b) Transmissions de cable tambor*, on un cable que realitza una certa força de tracció s'enrotlla (o s'enrotlla i desenrotlla) en un tambor. Aquests darrers són els sistemes que es tracten a continuació.

En la transmissió de cable tambor, l'element flexible és un cable (generalment de fils d'acer trenats, però també podria ser una corda o un element anàleg) i l'element rígid és un tambor cilíndric amb valones laterals per forçar l'apilament en capes. En general són transmissions que no requereixin elements tensors, ja que la força de tracció és proporcionada per la mateixa acció del cable, mentre que cal prendre algunes precaucions pel que fa a l'ordre en l'enrotllament. Si el cable és curt, es pot optar per un enrollament sobre una ranura helicoïdal del tambor, però si el cable és més llarg, cal adoptar sistemes més complexos d'enrotllament per capes o de reenviament entre dos sistemes de politges. El funcionament de les transmissions de cable tambor pot respondre a dos sistemes:

Enrotllament directe en un tambor (grues, cabrestants, amb la càrrega normalment lliure, sense guiar). En aquest cas, amb un dels seus extrems units al tambor, el cable s'enrotlla directament sobre d'ell, i obté la força de tracció (sobretot en les primeres voltes) per una combinació de la retenció de l'extrem fix i de la fricció entre cable i tambor o entre cable i cable si hi ha més d'una capa (Figura 4.3e). En principi, quan el cable és molt llarg, les capes s'enrotllen ordenadament, ja que dues voltes consecutives de la capa anterior formen una ranura helicoïdal per on s'enrotllen les voltes de la capa següent i, en l'extrem de cada capa, en exhaurir-se l'espai, el cable salta a la capa següent. Aquesta forma d'enrotllament funciona raonablement bé mentre el cable no pren inclinacions excessives respecte al pla normal a l'eix del tambor (cables molt llargs, o càrregues que es puguin desplaçar lateralment.

Enrotllament per un extrem i desenrotllament per l'altre (ascensors i muntacàrregues amb contrapès, trens i aeris funiculars; amb la càrrega normalment guiada a través de les cabines). En aquests casos, tota la força de tracció és fruit de l'adherència entre el cable i el tambor (Figura 4.3f). Quan el cable (o cables) són molt llargs, per evitar que les voltes per assegurar l'adherència es moguin lateralment o s'entortolliguin entre elles, es disposen dos conjunts de politges a poca distància amb ranures cilíndriques, i els cables les abracen saltant d'una ranura a l'altre en els trams entre les politges. En els ascensors, on per seguretat és reglamentari la disposició de diversos cables en paral·lel, la solució constructiva anterior assegura el moviment ordenat dels cables (Vegeu el problema resolt IR-12).

4.3 Tensatge i centratge de corretges i bandes

Tensatge

Com ja s'ha dit, un dels aspectes tecnològics més importants de les transmissions de corretges i de bandes de frec és assegurar una tensió mínima del membre flexible a fi que les forces de tracció F_1 i F_2 en els extrems dels elements cilíndrics motors o receptors sigui suficient per a assegurar l'adherència per a la transmissió.

Si no es transmeten parells o forces entre els membres motors i els membres receptors, aquests sistemes acostumen a mantenir una força de tracció inicial (o *estàtica*), F_0, en l'element flexible (corretja o banda) gràcies al sistema tensor. Quan s'inicia la transmissió, les forces de tracció en els dos ramals del membre motor se separen, una d'elles, F_2, augmentant i, l'altra, F_1, disminuint, de forma que equilibren el parell motor, mentre que aquesta diferència de tensions es reparteix al llarg del circuit de la corretja o banda entre tots els membres receptors i forces passives.

En una transmissió simple entre dos eixos i amb dos ramals d'igual longitud, la corretja o la banda s'estira en un ramal el mateix que s'arronsa en l'altre, de manera que la suma de tensions no varia:

$$F_0 = \frac{F_2 + F_1}{2} \qquad M_m = (F_2 - F_1) \cdot \frac{d}{2}$$

$$F_1 = F_0 - \frac{M_m}{d} \qquad F_2 = F_0 + \frac{M_m}{d} \tag{12}$$

En sistemes més complexos es pot considerar que la separació simètrica de les forces de tracció respecte al valor estàtic, F_0, es produeix en els dos ramals del membre motor.

Dispositius de tensatge

La força de tracció estàtica en l'element flexible pot obtenir-se de diverses formes on són rellevants el membre sobre el qual s'actua i la manera de produir la força de tensatge, F_{ten}. En relació al membre sobre el qual s'actua es pot distingir:

*a*1) *Tensatge per un eix*
    El tensatge s'obté per mitjà del moviment (desplaçament o basculament) d'un dels eixos de la transmissió amb l'òrgan corresponent, generalment el motor (Figures 4.4a i 4.4b). Aquest sistema té l'avantatge que l'element flexible no està sotmès a més flexions que les necessàries per a la transmissió (aspecte especialment beneficiós en les corretges trapezials; Secció 4.5) ni obliga a incorporar noves politges o corrons amb els seus suports, eixos i rodaments. Generalment s'utilitza en sistemes que comporten màquines o conjunts lleugers.

a2) *Tensatge per politja tensora*

El tensatge s'obté per mitjà d'una *politja tensora*, o sigui, un dispositiu format per un suport que es mou (desplaça o bascula) tot empenyent una politja boja contra la corretja (Figures 4.4c i 4.4d).

Aquest sistema permet mantenir els eixos motor i receptor fixos, aspecte especialment important en instal·lacions amb grans màquines o conjunts inamovibles, però té l'inconvenient que obliga a fer canvis de direcció en l'element flexible, no necessaris per a la transmissió, que produeixen fatiga en aquest element.

Convé que el tensor actuï en el ramal menys sol·licitat (fatiga menor en l'element flexible) i, preferiblement cap endins (augmenta l'angle de contacte, θ, i millora l'adherència entre la corretja i les politges; Figura 4.4c). Tanmateix, és perjudicial doblegar les corretges trapezials en el sentit contrari al de treball i, en aquests casos, el tensor ha d'actuar cap enfora (Figura 4.4d).

a3) *Autotensatge*

Si el motor es deixa bascular lliurement sobre un determinat punt pròxim a l'eix motor, es pot aconseguir que la combinació de tensions dels dos ramals produeixi l'efecte desitjat de tensatge (*autotensatge*).

Aquest sistema té l'avantatge que, sense requerir cap politja tensora addicional, com més grans són les sol·licitacions, més gran és també l'efecte del tensatge (les corretges estan tensades just el valor necessari per a cada nivell de sol·licitació de la transmissió, i no un valor fix, com en els casos anteriors).

El plantejament d'aquest sistema té una certa analogia amb el fre diferencial, amb les distàncies, a_1, a_2 i l, on la força de tensatge s'ha substituït pel pes del grup motor, W_m. L'equilibri dels moments de les forces que actuen sobre el conjunt motor (Figura 4.4e) i de la relació de forces de tracció en funció de l'angle de lliscament funcional, γ (angle mínim que mantindria l'adherència en el límit), són:

$$F_1 \cdot a_1 - F_2 \cdot a_2 - W_m \cdot l = 0 \qquad \frac{F_2}{F_1} = e^{\mu_0 \cdot \gamma} \tag{13}$$

D'on es pot deduir el valor de les dues forces de tracció i del parell transmès:

$$F_1 = \frac{l}{a_1 - a_2 \cdot e^{\mu_0 \cdot \gamma}} \cdot W_m \qquad F_2 = \frac{l \cdot e^{\mu_0 \cdot \gamma}}{a_1 - a_2 \cdot e^{\mu_0 \cdot \gamma}} \cdot W_m$$

$$M_m = (F_2 - F_1) \cdot \frac{d}{2} = \frac{l \cdot (e^{\mu_0 \cdot \gamma} - 1)}{a_1 - a_2 \cdot e^{\mu_0 \cdot \gamma}} \cdot \frac{d}{2} \cdot W_m \tag{14}$$

$$\text{si } \gamma = 0 \qquad F_1 = F_2 = F_0 = \frac{l}{a_1 - a_2} \cdot W_m$$

Es comprova que quan el parell motor ho sol·licita, creixen simultàniament tant la força de tracció del ramal menys tens com la del ramal més tens (Figura 4.4f).

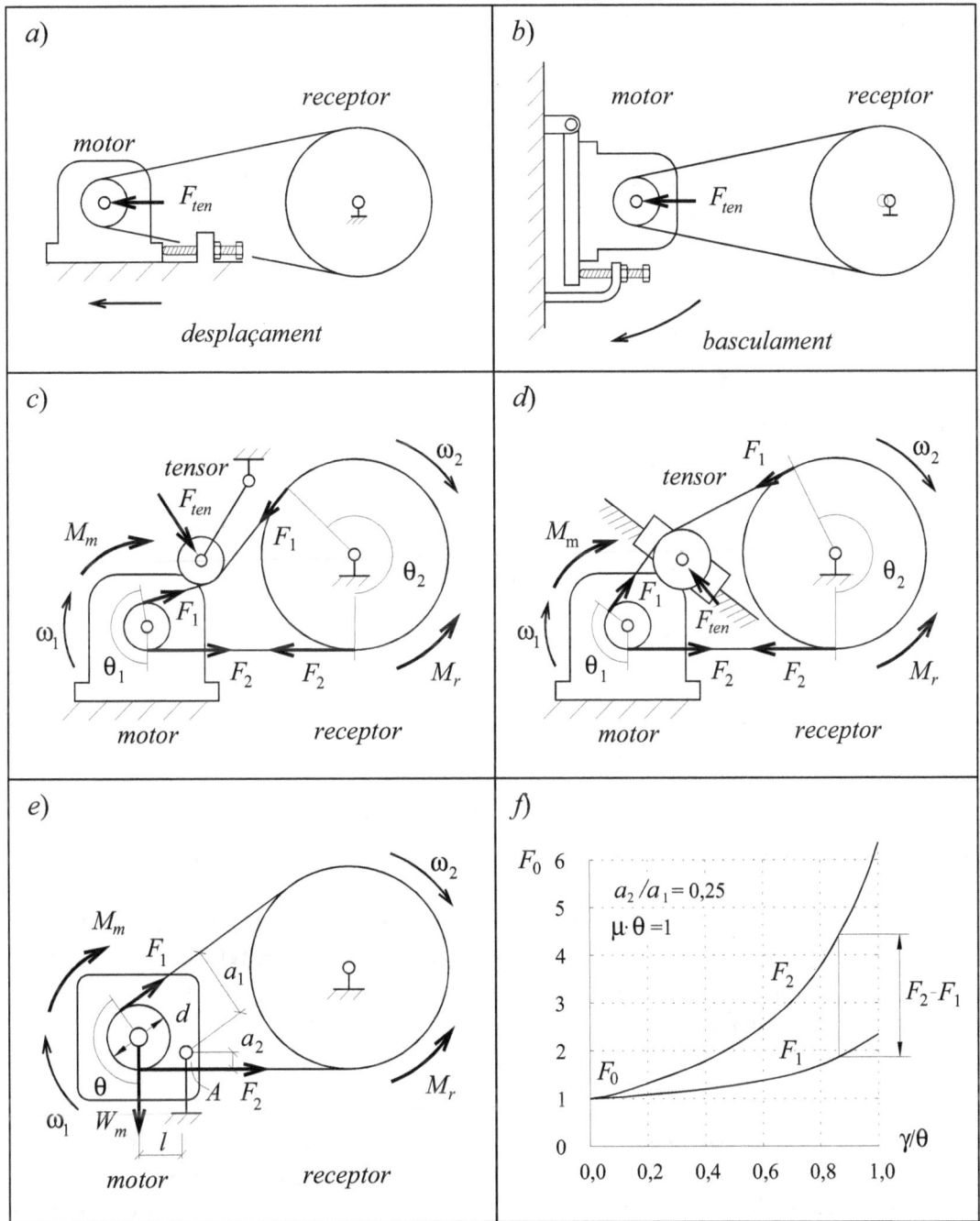

Figura 4.4 Sistemes de tensatge. Tensatge per un eix: *a*) Desplaçament del motor; *b*) Basculament del motor. Tensatge per politja tensora: *c*) Sobre balancí i vers l'interior; *d*) Sobre corredora i vers l'exterior. Autotensatge: articulació del motor sobre el punt *A*: *e*) Esquema general; *f*) Gràfica de la variació de les tensions en funció del parell motor.

En relació al mecanisme de producció de la força de tensatge, F_{ten}, es poden fer els següents comentaris:

b1) *Accionament per gravetat*

L'accionament per mitjà d'un pes (un membre de la transmissió o una massa específica) té l'avantatge que la força és constant, però també el desavantatge que sovint són necessàries masses molt grans per a obtenir la tensió necessària.

b2) *Accionament per una molla*

El de disseny és més lliure que en el cas anterior i permet forces molt grans en espais molt reduïts, però té l'inconvenient que la tensió disminueix amb l'allargament de les corretges o bandes.

b3) *Accionament pneumàtic (rarament hidràulic)*

S'usa en el tensatge de bandes i rarament en el de corretges. Permet mantenir una força constant amb grans amplituds de regulació (aspecte important en bandes de gran longitud) en qualsevol orientació (més llibertat de disseny que amb l'actuació de la gravetat), però requereix una alimentació pneumàtica.

Exemple 4.1: Estudi del comportament d'un sistema d'autotensatge

Enunciat

S'ha dissenyat un sistema d'autotensatge per a una transmissió de corretja amb els següents paràmetres: diàmetre de la politja motora: $d=60$ mm; pes del conjunt motor: $W_m=100$ N; coeficient d'adherència: $\mu_0=0,35$ (corretja plana) i $\mu_a=1,00$ (corretja trapezial); angle de contacte de la politja motora: $\theta=135°$; distàncies de les forces respecte al punt A (Figura 4.4e): $a_1=68,89$ mm; $a_2=10$ mm; $l=35$ mm.

Es demana: *a*) Força de tracció estàtica quan el motor no transmet parell; *b*) Forces de tracció i parell transmès per la corretja plana quan està a punt de relliscar; *c*) Forces de tracció de la corretja trapezial quan el motor transmet un parell de $M_m=15$ N·m, i angle de lliscament funcional (vegeu apartats següents) en aquest cas.

Resposta

a) Si la corretja no transmet parell ($M_m=0$ i $\gamma=0°$), la força de tracció estàtica s'obté de l'equilibri del conjunt motor-politja: $F_0=W_m\cdot l/(a_1-a_2)=59,43$ N.

b) Si la corretja plana ($\mu=0,35$) està a punt de relliscar ($\gamma=135°$), les forces de tracció resultants i el parell transmès són: $F_1=75,96$ N, $F_2=173,27$ N i $M_f=2,92$ N·m.

c) Si la corretja trapezial ($\mu_a=1$) ha de transmetre un parell de $M_m=15$ N·m, la força tangencial (diferència de forces de tracció) és $F_2-F_1=500$ N; l'angle de lliscament funcional és de $\gamma=85,72°$ (per tant, està lluny de relliscar) i les forces de tracció que resulten són $F_1=144,34$ N, $F_2=644,34$ N.

Lliscament funcional

Les corretges són membres elàstics sotmesos a variació de la força de tracció (o tensió), F, al llarg d'un cicle, de manera que un mateix element de corretja té una longitud superior quan aquesta força és més elevada que quan és més baixa. Aquestes variacions de força i de longitud tenen lloc, tant per a la politja motora com per a la receptora, en la zona finals del contacte per mitjà d'un petit lliscament entre la corretja i la politja (o *lliscament funcional*) que es resol en tots els casos amb una pèrdua de relació de transmissió i de rendiment.

Una anàlisi més detallada d'aquest fenomen mostra que, en una transmissió entre dues politges, els angles de contacte, θ_1 i θ_2, es divideixen entre una zona inicial (entrada de la corretja), on es produeix adherència i la força de tracció de la corretja no varia, i una zona final (sortida de la corretja) definida per l'angle γ (o *angle de lliscament funcional*), on la corretja es contrau (politja motora) o s'allarga (politja receptora) i es produeix el lliscament funcional entre corretja i politja (Figura 4.5).

L'angle de lliscament funcional, γ, igual per a les dues politges, es defineix com aquell que, en l'equació d'Eytelwein, correspon al quocient entre les forces de tracció dels extrems d'una politja:

$$\frac{F_2}{F_1} = e^{(\mu_0 \cdot \gamma)} \qquad \gamma = \frac{1}{\mu_0} \cdot \ln \frac{F_2}{F_1} \tag{15}$$

Si l'angle de lliscament funcional és zero ($\gamma = 0°$), les dues forces de tracció són iguals i la politja no transmet parell, mentre que si l'angle de lliscament funcional s'iguala a l'angle de contacte ($\gamma = \theta$), la corretja inicia el seu lliscament global sobre la politja. Cal, doncs, que en cada politja l'angle de lliscament funcional sigui menor que l'angle de contacte (en transmissions de dues politges, sol ser la de menor diàmetre; en transmissions més complexes cal comprovar aquesta condició en cada politja).

Avaluació del lliscament funcional

En una transmissió entre dues politges, la corretja treballa entre dues forces de tracció, F_1 i F_2, i dos allargaments, δ_1 i δ_2, essent la rigidesa de la corretja, K. La diferència d'allargaments, δ, dóna la mesura del *lliscament funcional*:

$$\delta_1 = \frac{F_1}{K} \qquad \delta_2 = \frac{F_2}{K} \qquad \delta = \delta_2 - \delta_1 = \frac{F_2 - F_1}{K} \tag{16}$$

La massa de la corretja que travessa qualsevol secció fixa per unitat de temps és la mateixa, però les longituds són diferents a causa dels diferents allargaments, fet que es tradueixen en petites variacions de la velocitat de la corretja en un cicle.

Les velocitats són directament proporcionals a les longituds allargades, de manera que la velocitat més gran, v_2, correspon a la força de tracció més elevada, F_2, i la velocitat més petita, v_1, a la força de tracció més baixa, F_1:

$$\frac{v_2}{v_1} = \frac{1+\delta_2}{1+\delta_1} \approx 1 + (\delta_2 - \delta_1) = 1 + \delta = 1 + \frac{F_2 - F_1}{K} \qquad \delta = \delta_2 - \delta_1 \qquad (17)$$

En la politja motora, la corretja s'adhereix en la zona inicial del contacte, on la força de tracció i la velocitat són més elevades, F_2 i v_2, i presenta lliscament funcional en la darrera zona de contacte on la corretja es contrau fins a F_1 i v_1. Mentre que, en la politja receptora, la corretja s'adhereix també en la zona inicial de contacte, on la força de tracció i velocitat són més baixes, F_1 i v_1, i presenta lliscament funcional en la darrera zona de contacte quan la corretja s'estira de nou fins a, F_2 i v_2. Els quocients entre les velocitats lineals de les corretges en les zones d'adherència i els radis de les politges donen les velocitats angulars dels eixos motor i receptor. La relació de transmissió real, amb lliscament funcional, és doncs una mica més gran (més reductora) que la teòrica:

$$\omega_1 = \frac{v_2}{r_1} \qquad \omega_2 = \frac{v_1}{r_2} \qquad i = \frac{\omega_1}{\omega_2} = \frac{r_2}{r_1} \cdot \left(1 + \frac{F_2 - F_1}{K}\right) \qquad (18)$$

El rendiment de la transmissió també queda afectat pel lliscament funcional:

$$\eta = \frac{P_2}{P_1} = \frac{M_2 \cdot \omega_2}{M_1 \cdot \omega_1} = \frac{M_2/r_2}{M_1/r_1} \cdot \frac{v_1}{v_2} = \frac{F_2 - F_1}{F_2 - F_1} \cdot \frac{1+\delta_1}{1+\delta_2} \approx 1 - \delta \qquad (19)$$

Aquestes equacions mostren diversos aspectes a tenir en compte en l'aplicació de les transmissions de corretges de frec:

a) El lliscament funcional és tan més important com més elàstiques són les corretges (més baixa és la rigidesa K). Per això es procura dotar les corretges d'una ànima formada per elements longitudinals de gran rigidesa (fibres, fils d'acer).

b) El lliscament funcional creix amb la diferència de forces de tracció, F_2-F_1, i, per tant, és variable en funció del parell transmès.

c) Conseqüència dels punts anteriors, les transmissions de corretja de frec no són mai sincròniques i la pèrdua de velocitat depèn del valor de l'elasticitat de la corretja i de les variacions de la força de tracció (en definitiva, del parell transmès).

d) El lliscament funcional es tradueix directament en un coeficient de pèrdues (fracció de la potència d'entrada que es dissipa) de la transmissió de la corretja ($\delta = \psi$). Al coeficient de pèrdues associat al lliscament funcional cal afegir altres coeficients de pèrdues causats pel la histèresi en la deformació del material de la corretja, pels rodaments, o pels retenidors.

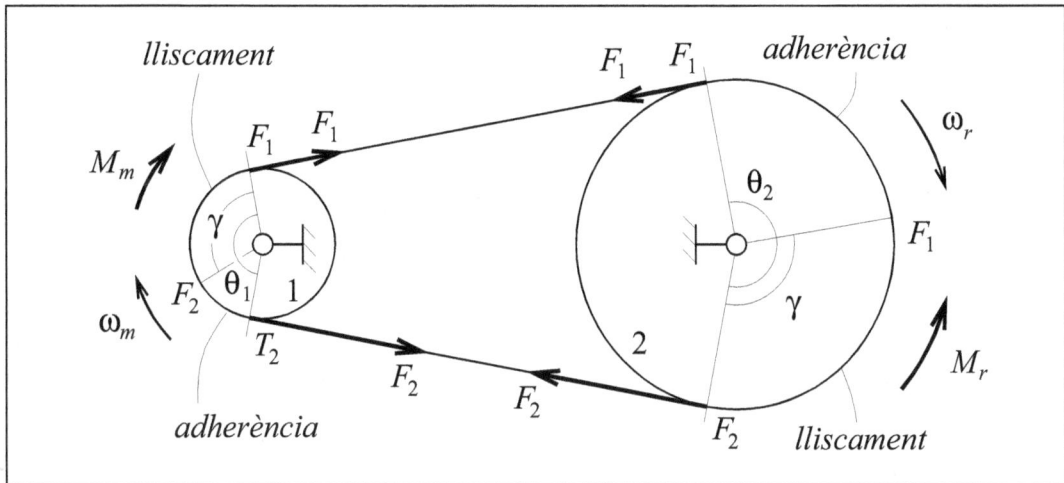

Figura 4.5 Lliscament funcional en una transmissió de corretja entre dos eixos

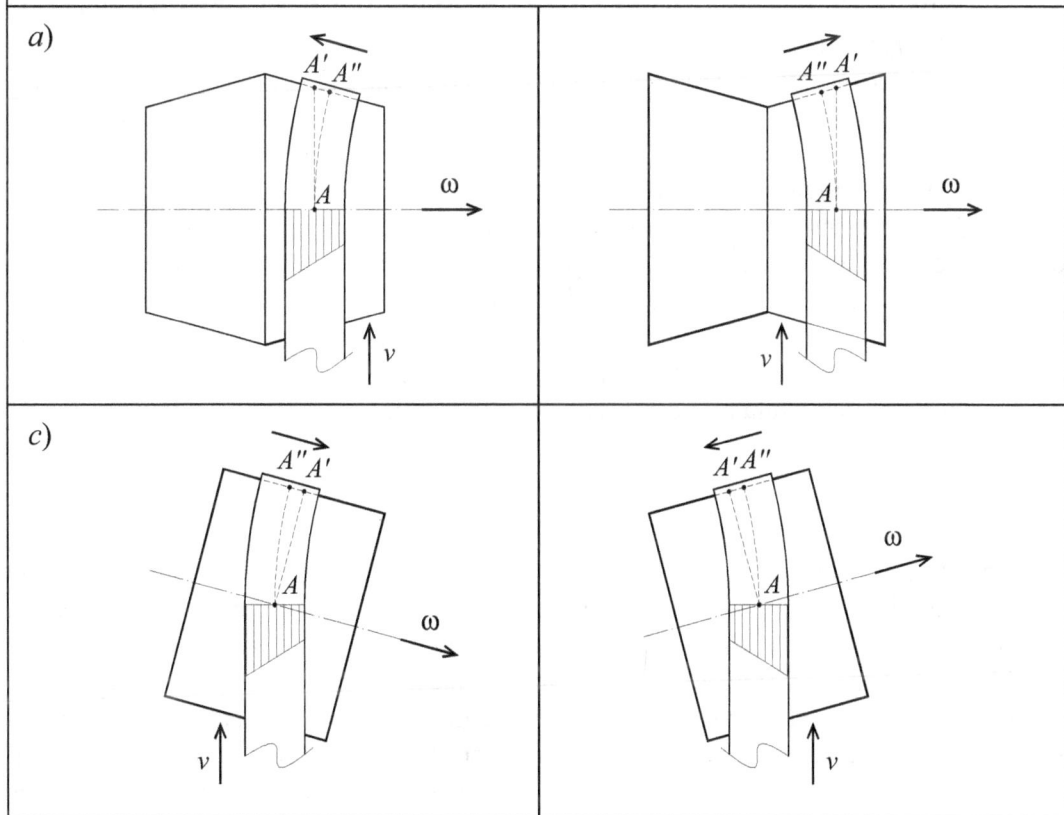

Figura 4.6 Sistemes de centratge de corretges planes i bandes: *a*) Politja amb convexitat en la part central, o centratge per bombament (equilibri estable); *b*) Politja amb convexitat en la part central (equilibri inestable); *c*) Efecte de la inclinació d'un corró vers la dreta; *d*) Efecte de la inclinació d'un corró vers l'esquerra.

Centratge

En les transmissions de corretja plana i en les transmissions de bandes, quan les politges o els corrons no mantenen un paral·lelisme exacte, l'element flexible tendeix a desplaçar-se lateralment i sortir del seu suport. Pot pensar-se que aquest efecte s'evita per mitjà de valones en els extrems de les politges o dels corrons, però el fet és que amb corretges o bandes de poc gruix, la tendència al desplaçament lateral és suficientment intensa com perquè la corretja o banda salti les valones o altres elements de retenció i, si aquests són molt grans, hi frega fortament o, fins i tot en una banda, es plega longitudinalment sobre si mateixa. Per tant, és recomanable de buscar un sistema que eviti intrínsecament aquest desplaçament lateral. Hi ha dos mètodes bàsics per aconseguir aquest efecte, els quals s'estudien a continuació:

a) *Centratge per bombament de la politja*

Si la corretja plana o la banda no és excessivament ampla, es pot optar per donar un petit bombament a la part central de la politja o corró, i la corretja tendeix sempre a centrar-se de forma estable en la part central més bombada (Figura 4.6a). Per explicar-ho, se suposa una doble superfície cònica amb els diàmetres més grans en la part central (Figura 4.6a) sobre la qual s'abraça una corretja plana. Si la corretja està situada sobre un dels cons, és obligada a corbar-se per adoptar la direcció perpendicular a l'eix de la politja. Quan un punt, A, de la corretja entra en contacte amb la politja i s'hi adhereix, ¼ de volta després, és arrossegada vers el punt, A' (trajectòria d'A al voltant de l'eix de la politja), mentre que el punt que l'havia precedit, A'', estava en una situació més allunyada del centre de la politja. Per tant, hi ha una tendència de la corretja a centrar-se. Per contra, si les conicitats tenen sentits contraris (Figura 4.6b), o sigui, la politja té un diàmetre més petit en la part central que en els extrems, la corretja tendeix a escapar-se per un costat.

b) *Centratge per inclinació del corró*

En bandes molt amples no és efectiu el bombament, ja que comportaria una diferència excessiva de diàmetres que no sempre és compatible amb la seva funció. Aleshores cal compensar la tendència al desplaçament lateral de la banda per mitjà de la correcció del paral·lelisme d'un dels corrons. Els efectes d'aquesta correcció són inversos al cas anterior de bombament: quan un punt, A, de la corretja entra en contacte amb el corró i s'hi adhereix, ¼ de volta després, és arrossegat vers el punt, A' (trajectòria d'A al voltant de l'eix del corró) però ara, el punt que l'havia precedit, A'', està en una situació més pròxima a l'extrem del corró més allunyat. Per tant, la tendència de la banda és de desplaçar-se vers l'extrem del corró on la distància entre centres és menor i, les tensions de la banda, també menors (Figura 4.6c). Si s'inverteix la inclinació del corró, s'inverteix també la tendència del desplaçament de la banda (Figura 4.6d).

4.4 Forces centrífugues en les corretges

Força de tensió centrífuga

Les corretges poden transmetre potències relativament importants per mitjà de parells moderats a velocitats elevades. La massa de la corretja, en moure's al voltant de les politges, està sotmesa a una força d'inèrcia centrífuga de D'Alembert, que s'equilibra amb una part de la força de tracció de la corretja, anomenada *força de tracció centrífuga* (o *tensió centrífuga*), F_c, que disminueix la capacitat d'adherència entre la corretja i la politja i que cal tenir en compte en transmissions molt ràpides.

El diferencial de força d'inèrcia centrífuga sobre un element de la corretja (Figura 4.7a) és funció de la massa lineal de la corretja, m_l (en kg/m), de la velocitat lineal de la corretja, v, del diferencial d'angle de contacte de l'element de corretja, $d\theta$, i del diàmetre de la politja, d, segons la següent expressió:

$$dF_{ic} = m_l \cdot (d/2) \cdot d\theta \cdot \frac{v^2}{(d/2)} = m_l \cdot v^2 \cdot d\theta \tag{20}$$

La *força de tracció centrífuga*, F_c, és el component de força de tracció de la corretja necessària per equilibrar el diferencial de força d'inèrcia centrífuga, dF_{ic} (polígon de forces de la Figura 4.7a):

$$dF_{ic} = m_l \cdot v^2 \cdot d\theta = 2 \cdot F_c \cdot \frac{d\theta}{2} \quad \Rightarrow \quad F_c = m_l \cdot v^2 \tag{21}$$

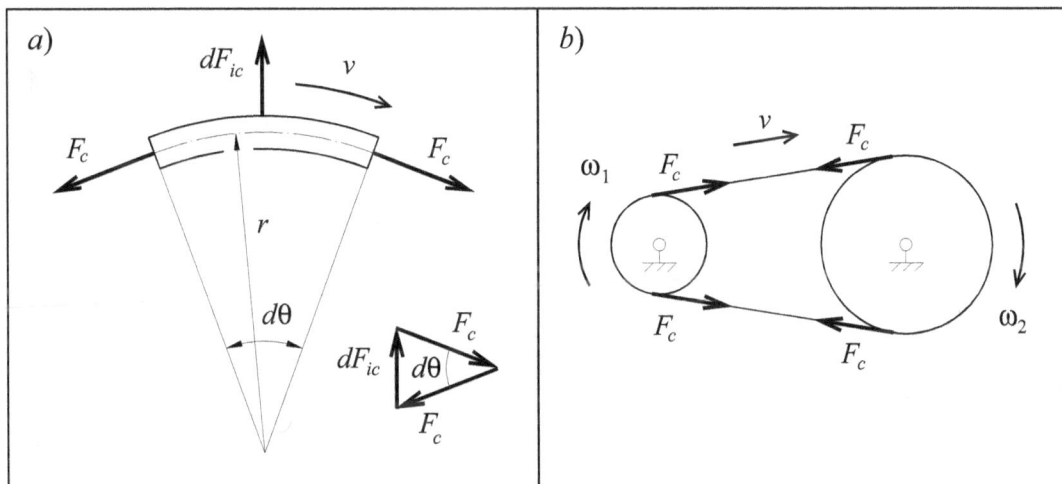

Figura 4.7 Força de tracció centrífuga en una corretja: *a*) Equilibri de forces en un element de corretja; *b*) Força de tracció centrífuga constant al llarg de la corretja

Aquest resultat té algunes conseqüències pràctiques dignes de ser ressenyades:

a)   La força de tracció centrífuga, proporcional al quadrat de la velocitat, pot tenir una gran incidència en transmissions ràpides. Per exemple, una corretja de massa longitudinal, $m_l=0,2$ kg/m, que es mou a una velocitat de, $v=30$ m/s, dóna lloc a una força de tracció centrífuga de, $F_c=180$ N.

b)   La força de tracció centrífuga és independent del radi de la politja i, per tant, és constant en tota la longitud de la corretja (trams corbes i trams rectes; Figura 4.7b).

c)   La força de tracció centrífuga és un component de la tensió total de la corretja que no es tradueix en força de contacte entre la corretja i la politja i que disminueix la força tangencial de frec i el parell transmès. Per tant, en l'equació d'Eytelwein, la força de tracció centrífuga s'ha de restar de les forces reals en els dos ramals de la corretja:

$$\frac{F_2 - F_c}{F_1 - F_c} = e^{\mu_0 \cdot \gamma} \leq e^{\mu_0 \cdot \theta} \tag{22}$$

Equacions generals de les corretges amb forces centrífuges

Partint de la relació entre la força de tracció inicial (o estàtica) de la corretja i les forces de tracció màxima i mínima durant la transmissió, $F_0=(F_1+F_2)/2$ (Secció 4.3) i combinant-la amb l'anterior equació (22) es poden obtenir les expressions d'aquestes forces mínima i màxima, F_1 i F_2, en funció de la força de tracció inicial, F_0 i de la força de tracció centrífuga, F_c:

$$F_1 = \frac{2}{1+e^{\mu_0 \cdot \gamma}} \cdot F_0 - \frac{1-e^{\mu_0 \cdot \gamma}}{1+e^{\mu_0 \cdot \gamma}} \cdot F_c$$
$$F_2 = \frac{2 \cdot e^{\mu_0 \cdot \gamma}}{1+e^{\mu_0 \cdot \gamma}} \cdot F_0 + \frac{1-e^{\mu_0 \cdot \gamma}}{1+e^{\mu_0 \cdot \gamma}} \cdot F_c \tag{23}$$

I, a partir d'elles, també l'expressió de la potència trasmesa:

$$P=(F_2 - F_1) \cdot v = \frac{2 \cdot (e^{\mu_0 \cdot \gamma} -1)}{1+e^{\mu_0 \cdot \gamma}} \cdot (F_0 - F_c) \cdot v \tag{24}$$

Velocitat òptima d'una corretja

La potència transmesa és directament proporcional a la velocitat tangencial de la corretja, però la velocitat tangencial també influeix en la potència en disminuir el parell transmès a través de l'augment de la força de tracció centrífuga. Es pot pensar, doncs, que hi ha una velocitat per a la qual la transmissió de potència és màxima (o òptima).

L'optimització parteix de mantenir la força de tracció màxima constant ja que, en una primera aproximació, constitueix la limitació principal del sistema. Per tant, s'estableix la potència en funció de la força de tracció màxima, F_2, i de la velocitat, v, tot introduint l'expressió de la força de tracció centrífuga, $F_c = m_l \cdot v^2$, en l'equació (22):

$$
\begin{aligned}
P &= (F_2 - F_1) \cdot v = ((F_2 - F_c) - (F_1 - F_c)) \cdot v = (1 - e^{-\mu_0 \cdot \gamma}) \cdot (F_2 - F_c) \cdot v = \\
&= (1 - e^{-\mu_0 \cdot \gamma}) \cdot (F_2 - m_l \cdot v^2) \cdot v = (1 - e^{-\mu_0 \cdot \gamma}) \cdot (F_2 \cdot v - m_l \cdot v^3)
\end{aligned}
\tag{25}
$$

Per establir la condició de màxim o de mínim de la potència, cal igualar a zero la seva primera derivada. Per assegurar que és un màxim, cal que la segona derivada tingui un valor negatiu (es comprova que es compleix):

$$
\frac{dP}{dv} = (1 - e^{-\mu_0 \cdot \gamma}) \cdot (F_2 - 3 \cdot m_l \cdot v^2) = 0 \qquad \frac{d^2 P}{dv^2} = (1 - e^{-\mu_0 \cdot \gamma}) \cdot (-6 \cdot m_l \cdot v)
\tag{26}
$$

Resolent l'equació que resulta d'igualar a zero el segon factor de la primera derivada (ja que el primer factor no depèn de la velocitat), s'arriba a la velocitat òptima i a la relació òptima entre la força de tracció centrífuga i la força de tracció màxima de la corretja:

$$
F_2 - 3 \cdot m_l \cdot v^2 = 0 \qquad v_{(opt)} = \sqrt{\frac{F_2}{3 \cdot m_l}} \qquad F_{c(opt)} = m_l \cdot v_{(opt)}^2 = \frac{F_2}{3}
\tag{27}
$$

Convé, doncs, que la força de tracció centrífuga de la corretja no superi a 1/3 de la força de tracció màxima ja que, quan la velocitat és més elevada, decau la potència transmesa.

A partir de les expressions de la velocitat òptima i de la força de tracció centrífuga òptima, s'obtenen les equacions de de les forces de tracció mínima i inicial òptimes, $F_{1(opt)}$ i $F_{0(opt)}$, així com de la potència òptima, $P_{(opt)}$, en funció de la força de tracció màxima, F_2:

$$
F_{1(opt)} = \frac{2 + e^{\mu_0 \cdot \gamma}}{3 \cdot e^{\mu_0 \cdot \gamma}} \cdot F_2 \qquad F_{0(opt)} = \frac{1 + 2 \cdot e^{\mu_0 \cdot \gamma}}{3 \cdot e^{\mu_0 \cdot \gamma}} \cdot F_2
\tag{28}
$$

$$
P_{(opt)} = \frac{2}{\sqrt{27}} \cdot (1 - e^{-\mu_0 \cdot \gamma}) \cdot \sqrt{\frac{F_2^3}{m_l}}
\tag{29}
$$

Podria pensar-se que coneixent la força de tracció màxima admissible en la corretja, $F_{adm}(=F_2)$, la massa per unitat de longitud, m_l, i el producte del coeficient d'adherència per l'angle de contacte, $\mu_0 \cdot \gamma$, es pot calcular directament la potència òptima. Tanmateix la situació és més complexa, ja que la tensió admissible del material ha de cobrir també les sol·licitacions causades per la flexió de la corretja, especialment importants en politges de radis petits en les corretges trapezials (els valors de potència admissible dels catàlegs tenen en compte totes aquestes sol·licitacions; vegeu la Figura 4.9).

4.5   Corretges planes i corretges trapezials

Introducció

El límit d'adherència en una corretja plana pot estar comprès entre $\mu_0 = 0{,}25$ i $\mu_0 = 0{,}40$ valors que fan que la relació de forces, F_2/F_1, sigui relativament reduïda i que les forces de tracció estàtiques hagin de ser molt elevades. Aquestes condicions donen lloc a un aprofitament baix de la capacitat de la corretja.

Això fa pensar que un augment del límit d'adherència efectiu entre la corretja i la politja pot ser una manera adequada per millorar la capacitat de transmissió de parell i de potència d'una corretja. Aquest és el camí seguit per les corretges trapezials.

En efecte, en les transmissions de corretja trapezial, el contacte entre la corretja i la politja no s'estableix en una superfície cilíndrica (com en les corretges planes) sinó entre dues superfícies còniques contraposades (de fet formen una ranura de secció trapezial) que fan un efecte de "falca" que amplifica les forces normals i, en conseqüència, les tangencials. Així, doncs, les corretges trapezials toquen sempre pels flancs i mai pel fons, ja que es perdria l'efecte amplificador i relliscarien.

Però, cal no exagerar l'efecte "falca", ja que la corretja podria quedar autoretinguda en la ranura de la politja, fet que repercutiria molt negativament en el rendiment de la transmissió. Les corretges trapezials estan dissenyades per tal que la corretja es desprengui sola sempre de la politja (vegeu aquest tema més endavant).

Límit d'adherència aparent en les corretges trapezials

El comportament de les transmissions de corretges trapezials és anàleg al de les corretges planes amb la diferència fonamental que el límit d'adherència aparent, μ_a, que és l'efectiu, és sensiblement més elevat. A continuació s'estudia la relació entre el límit d'adherència físic, μ_0, del contacte corretja politja i el límit d'adherència aparent, μ_a, així com les limitacions de l'efecte amplificador.

Equilibri de forces en un element de corretja trapezial

La força de tracció, F, en els extrems d'un element de corretja (Figures 4.8a i 4.8b) es tradueix en un diferencial de força radial aparent, dF_R (Figura 4.8b), i aquest, al seu torn, s'equilibra amb dos diferencials de força normal, dF_N, reacció dels flancs de la ranura de la politja.

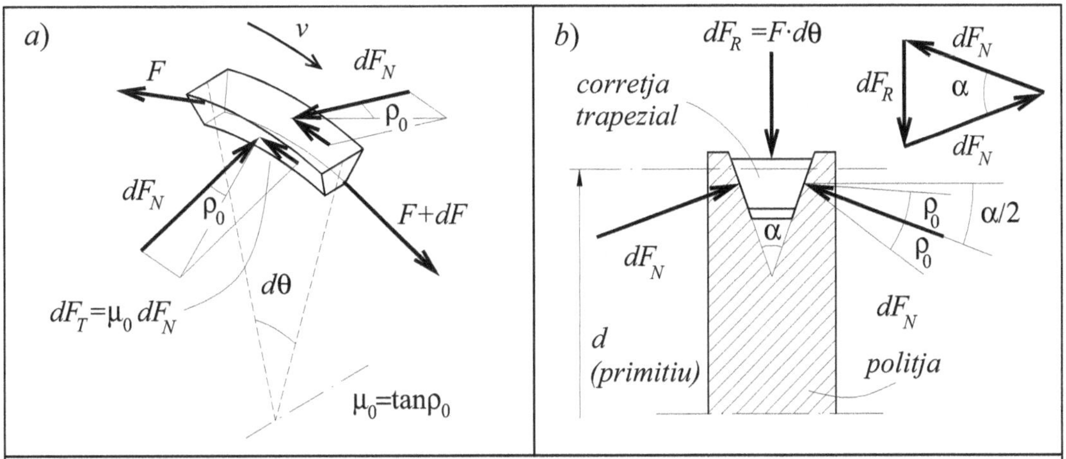

Figura 4.8   Equilibri de forces en un element de corretja trapezial: *a*) Forces en l'espai; *b*) Projecció de les forces a una secció normal.

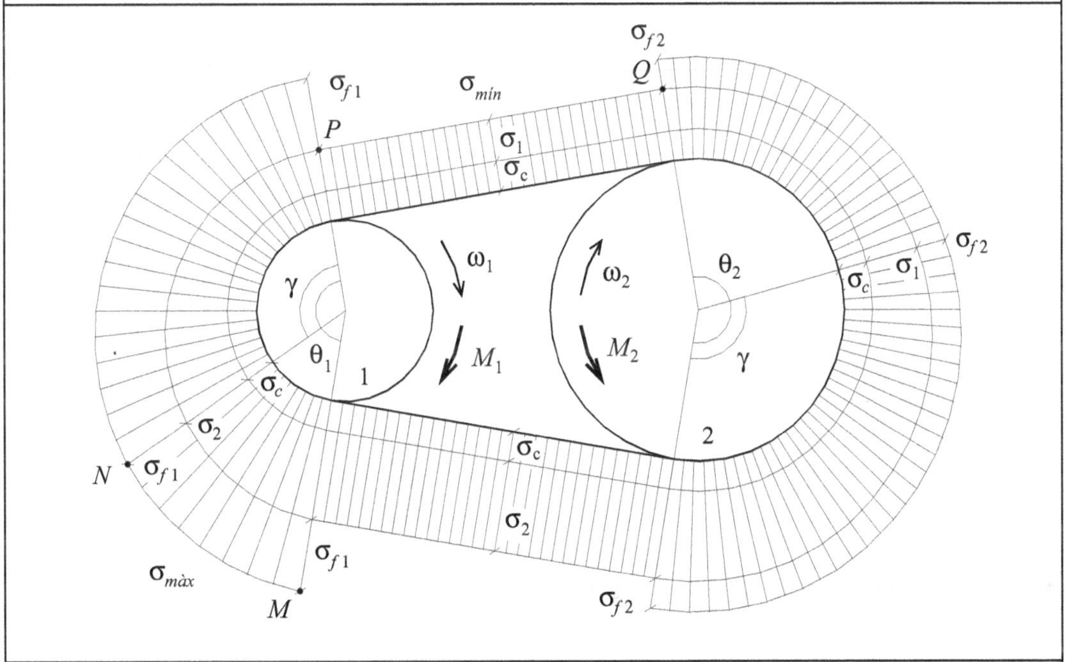

Figura 4.9   Sol·licitacions en el material de les corretges al llarg d'un cicle: σ_c, tensió corresponent a la força de tracció centrífuga, F_c, constant en tota la corretja; σ_1, tensió corresponent a la força de tracció $(F_1 - F_c)$ que dóna lloc a la força normal de contacte del ramal menys tens; σ_2, tensió corresponent a la força de tracció $(F_2 - F_c)$ que dóna lloc a la força normal de contacte del ramal més tens; σ_{f1} i σ_{f2}, sol·licitacions de flexió (la de tracció se suma a les anteriors) causades pel corbament de la corretja i que són inversament proporcionals als diàmetres de les politges. Tensió de tracció més gran: arc MN; tensió de tracció més petita: ramal PQ; variació màxima (fatiga): $\Delta\Sigma_{màx} = (\sigma_2 - \sigma_1) + \sigma_{f1}$.

Els diferencials de força tangencial de frec, dF_T (en definitiva els que creen el parell i transmeten la potència), són proporcionals al diferencials de força normals, essent el factor de proporcionalitat el límit d'adherència, μ_0:

$$dF_R = T \cdot d\theta = 2 \cdot dF_N \cdot \sin\frac{\alpha}{2} \qquad dF_T = 2 \cdot \mu_0 \cdot dF_N \tag{31}$$

El límit d'adherència aparent en una corretja trapezial es defineix com en quocient entre el diferencial de força tangencial i el diferencial de força radial:

$$\mu_a = \frac{dF_T}{dF_R} = \frac{2 \cdot \mu_0 \cdot dF_N}{2 \cdot dF_N \cdot \sin(\alpha/2)} = \frac{\mu_0}{\sin(\alpha/2)} \tag{32}$$

En definitiva, el límit d'adherència aparent queda amplificat per la inversa del sinus de la meitat de l'angle del perfil de la corretja, α.

Evitar l'autoretenció entre corretja-politja

Per tal que no quedi retinguda la corretja en el si de la ranura trapezial de la politja, cal que la meitat de l'angle del perfil, $\alpha/2$, sigui més gran que l'angle d'adherència, ρ_0 (Figura 4.8b): $\alpha/2 > \rho_0$. Atès que el límit d'adherència dels materials utilitzats en les corretges trapezials és de l'ordre de $\mu_0 = 0{,}35$ ($\rho_0 = 19{,}3°$), s'han normalitzat les corretges trapezials amb angles del perfil aproximadament de $\alpha = 40°$ (com es comprova, s'ajusta tan com es pot al límit de l'autoretenció).

El valor del límit d'adherència aparent, μ_a, que resulta amb aquest angle de perfil és:

$$\mu_a = \frac{\mu_0}{\sin(\alpha/2)} = \frac{0{,}35}{\sin 20°} = 1{,}023 \tag{33}$$

Sol·licitacions en la corretja al llarg d'un cicle

Com a visió de conjunt, és interessant de mostrar un esquema amb les sol·licitacions màximes de tracció del material de la corretja al llarg d'un cicle, les quals es relacionen amb les tensions (forces) a què està sotmesa la corretja en cada punt, però també amb els esforços de flexió quan les corretges es corben sobre les politges.

L'esquema de les sol·licitacions mostrat a la Figura 4.9 és vàlid tant per a corretges planes com per a corretges trapezials, tot i que en les corretges trapezials, les sol·licitacions originades per flexió són molt més importants que en les corretges planes a causa de l'alçada molt més de gran de la corretja.

Comparació entre les corretges planes i les corretges trapezials

Les principals diferències entre les transmissions de corretja plana i les transmissions de corretja trapezial corresponen al gruix de la corretja i al límit d'adherència, de les quals se'n deriven diversos aspectes constructius que incideixen en les aplicacions. La següent taula comparativa resumeix aquestes diferències.

Taula 4.2	Característiques i aplicacions comparades de les corretges
Corretges planes	Corretges trapezials
Les principals característiques de les corretges planes són:	Les principals característiques de les corretges trapezials són:
a) Gruix de la corretja petit	*a) Gruix de la corretja gran*
Corretges més lleugeres i flexibles Radis politges petits (compactes) Sol·licitacions de flexió baixes Força centrífuga moderada Velocitat perifèrica més elevada	Corretges més pesants i rígides Radis politges relativament grans Sol·licitacions de flexió elevades Força centrífuga moderadament alta Velocitat perifèrica més baixa
b) Límit d'adherència baix	*b) Límit d'adherència alt*
Relacions de forces de tracció baixes Força de tracció estàtica elevada Transmissió de parells més baixos	Relacions de forces de tracció elevades Força de tracció estàtica baixa Transmissió de parell més elevats
c) Tensatge i centratge	*c) Tensatge i centratge*
Tensatge en els dos sentits Baixa incidència de les politges tensores en la fatiga de la corretja Centratge per bombament politja	Tensatge preferent envers enfora Incidència de les politges tensores en la fatiga de la corretja Centratge geomètric
d) Aplicacions	*d) Aplicacions*
Transmissions de petites dimensions Transmissions a grans velocitats Transmissions silencioses	Transmissions de potència

Taula 4.3	Paràmetres de les transmissions de corretges i entre cons
a_1, a_2, l	= Braços de palanca dels frens diferencials
b	= Amplada de contacte
d, r	= Diàmetre, radi del cilindre (primitiu, en corretges trapezials)
d_1, r_1	= Diàmetre, radi (primitiu) de la politja petita
d_2, r_2	= Diàmetre, radi (primitiu) de la politja gran
i	= ω_1/ω_2 = Relació de transmissió
K	= Rigidesa longitudinal de la corretja
m_l	= Massa per unitat de longitud de corretja
p	= $F/(b \cdot r)$ = Pressió de contacte cinta cilindre
$p_{màx}$	= $F_2/(b \cdot r)$ = Pressió màxima de contacte
p_{adm}	= Pressió admissible de contacte (del material)
v	= Velocitat tangencial de la corretja
v_1	= Velocitat tangencial baixa de la corretja
v_2	= Velocitat tangencial alta de la corretja
$v_{(opt)}$	= Velocitat òptima (màxima potència) de la corretja
M_m	= Parell de la politja motora
M_r	= Parell de la politja receptora
P	= Potència de la transmissió
$P_{(opt)}$	= Potència òptima (màxima) de la transmissió
F_0	= Força de tracció estàtica
F_1	= Força de tracció del ramal més tens
F_2	= Força de tracció del ramal menys tens
F_c	= Força de tracció centrífuga
α	= Angle del perfil d'una corretja trapezial
γ	= Angle de lliscament funcional
δ	= Valor del lliscament funcional
δ_1	= Allargament en el ramal més tens
δ_2	= Allargament en el ramal menys tens
μ_a	= Límit d'adherència aparent
μ_0	= Límit d'adherència
θ	= Angle de contacte
θ_1	= Angle de contacte de la politja petita
θ_2	= Angle de contacte de la politja gran
η	= Rendiment
ψ	= Coeficient de pèrdues
ω_m	= Velocitat angular de la politja motora
ω_r	= Velocitat angular de la politja receptora

Taula 4.3	**Formulari de les transmissions de corretges**
Corretja plana: $\mu_a = \mu_0$	Corretja trapezial: $\mu_a = \mu_0/\sin(\alpha/2)$

Cas general (F_c qualsevol)

$$\frac{F_2 - F_c}{F_1 - F_c} = e^{(\mu_a \cdot \gamma)} \qquad \gamma < \theta_1 \qquad \gamma < \theta_2$$

$$F_1 + F_2 = 2 \cdot F_0 \qquad F_c = m_l \cdot v^2$$

$$F_1 = \frac{2}{1 + e^{(\mu_a \cdot \gamma)}} \cdot F_0 - \frac{1 - e^{(\mu_a \cdot \gamma)}}{1 + e^{(\mu_a \cdot \gamma)}} \cdot F_c$$

$$F_1 = \frac{2 \cdot e^{(\mu_a \cdot \gamma)}}{1 + e^{(\mu_a \cdot \gamma)}} \cdot F_0 + \frac{1 - e^{(\mu_a \cdot \gamma)}}{1 + e^{(\mu_a \cdot \gamma)}} \cdot F_c$$

$$P = (F_2 - F_1) \cdot v = \frac{2 \cdot (e^{\mu_a \cdot \gamma} - 1)}{1 + e^{\mu_a \cdot \gamma}} \cdot (F_0 - F_c) \cdot v$$

Cas òptim ($F_{c(opt)} = F_2/3$)

$$F_{1(opt)} = \frac{2 + e^{\mu_a \cdot \gamma}}{3 \cdot e^{\mu_a \cdot \gamma}} \cdot F_2 \qquad F_{0(opt)} = \frac{1 + 2 \cdot e^{\mu_a \cdot \gamma}}{3 \cdot e^{\mu_a \cdot \gamma}} \cdot F_2$$

$$v_{(opt)} = \sqrt{\frac{F_2}{3 \cdot m_l}} \qquad F_{c(opt)} = \frac{F_2}{3}$$

$$P_{(opt)} = \frac{2}{\sqrt{27}} \cdot (1 - e^{-\mu_a \cdot \gamma}) \cdot \sqrt{\frac{F_2^3}{m_l}}$$

Problemes resolts

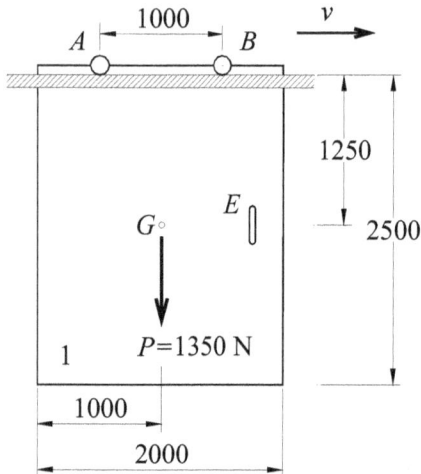

Enunciat

Una porta corredissa de $W=1350$ N de pes està suportada pels corrons A i B, de diàmetre $d_c=100$ mm, que rodolen sobre un carril horitzontal.

Els contactes entre corrons i carril tenen un coeficient d'adherència de $\mu_0=0,20$ i un coeficient de rodolament de $\delta_R=1$ mm, mentre que els corrons estan articulats a la porta per mitjà de rodaments radials de boles de diàmetre interior $d=30$ mm.

Es demana la força horitzontal necessària a l'empunyadura E per a moure la porta, i reaccions verticals a A i B, en els següents casos:

1. Els dos corrons giren lliurement
2. Es suposa que el corró B es bloqueja, mentre que el corró A gira
3. Es suposa que el corró A es bloqueja, mentre que el corró B gira
4. Es suposa que els dos corrons es bloquegen.

Resposta

Aquest exercici permet observar la resistència molt més baixa que ofereix la porta a avançar quan s'assegura el rodolament en les dues rodes respecte a quan el gir d'una d'elles es bloqueja i és obligada a lliscar.

Per altra part, les diferents forces passives entre la roda i el carril (tant si són de rodolament com de fricció) fan que l'empenta sobre l'empunyadura, E, doni lloc a diferents repartiments del pes entre les reaccions verticals sobre les rodes A i B.

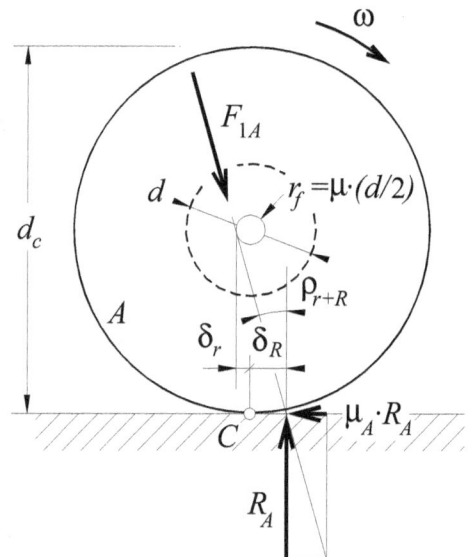

A continuació s'estudia el coeficient de fricció equivalent del conjunt de rodament i de contacte roda-carril, μ_{r+R}, a partir del coeficient de fricció aparent del rodament radial de boles ($\mu_a=0,0015$, vegeu Secció 2.2; $r_f = \mu_a \cdot d/2 \approx \delta_r$) i del coeficient de rodolament del contacte corró-carril ($\delta_R=1$ mm). La figura ampliada mostra l'equilibri de forces en un dels corrons on es mostra el desplaçament horitzontal de la reacció normal del carril en el sentit de l'avanç i el desplaçament de la reacció del rodament de sentit contrari, tangent al cercle de fricció. A partir d'aquests paràmetres es pot establir la següent expressió i càlcul del coeficient de fricció equivalent on s'observa que la influència del frec en el rodament és pràcticament menyspreable:

$$\mu_{r+R} = \tan \rho_{r+R} \approx \frac{\delta_r + \delta_R}{d_c/2} = \mu_a \cdot \frac{d}{d_c} + 2 \cdot \frac{\delta_R}{d_c} = 0,00045 + 0,02000 = 0,02045$$

En cas que es bloquegi alguna de les dues rodes, el contacte roda-carril corresponent passa a ser lliscant i, el coeficient de fricció esdevé unes deu vegades superior ($\mu=0,2$).

A partir del sistema de referència indicat a la Figura de la pàgina següent, s'estableixen les equacions d'equilibri ($\Sigma F_x=0$, $\Sigma F_y=0$, $\Sigma M_A=0$) per a la frontera que inclou el sistema format per la porta i els corrons:

$$\sum F_y = 0 = F_E - (\mu_A \cdot R_A + \mu_B \cdot R_B)$$
$$\sum F_y = 0 = (R_A + R_B) - W$$
$$\sum M_A = 0 = (500 + \mu_A \cdot 1250) \cdot R_A - (500 - \mu_B \cdot 1250) \cdot R_B$$

Un cop aïllades les tres incògnites, F_E, R_A i R_B resulten les expressions:

$$F_E = \frac{0,5 \cdot (\mu_A + \mu_B)}{1 + 1,25 \cdot (\mu_B - \mu_A)} \cdot W$$

$$R_A = \frac{0,5 + 1,25 \cdot \mu_B}{1 + 1,25 \cdot (\mu_B - \mu_A)} \cdot W$$

$$R_B = \frac{0,5 - 1,25 \cdot \mu_A}{1 + 1,25 \cdot (\mu_B - \mu_A)} \cdot W$$

Conclusions. Dels resultats obtinguts (que es donen més endavant en forma d'una taula i d'unes figures) es constaten els següents punts:

a)   El coeficient de fricció aparent causat pel rodament és menyspreable respecte a la resistència al rodolament del contacte corró-carril i, aquest és unes 10 vegades més petit que la fricció per lliscament del corró sobre el carril.

b)   Conseqüència de l'anterior, quan es bloqueja un o els dos corrons, la força neces-
     sària a l'empunyadura, F_E, és entre 4,5 i 10 vegades més gran que quan s'assegura
     el rodolament corró-carril.

c)   En tots els casos, quan la porta es mou vers la dreta, el bolcament produït per la
     força en l'empunyadura, F_E, fa disminuir la reacció vertical sobre el corró B mentre
     que, si el moviment fos en sentit contrari, disminuiria la reacció vertical sobre el
     corró A.

Aplicant els valors corresponents als quatre casos de l'enunciat, s'obté:

Taula de resultats

Cas	μ_A	μ_B	F_E (N)	R_A (N)	R_B (N)
1	0,02045	0,02045	27,61	709,51	640,49
2	0,02045	0,2	121,53	826,91	523,09
3	0,2	0,02045	191,87	914,83	435,17
4	0,2	0,2	270	1012,5	337,5

1)   2)   3)

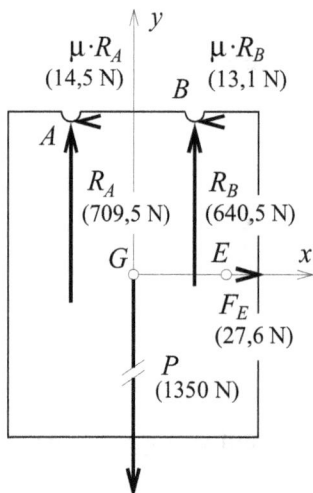 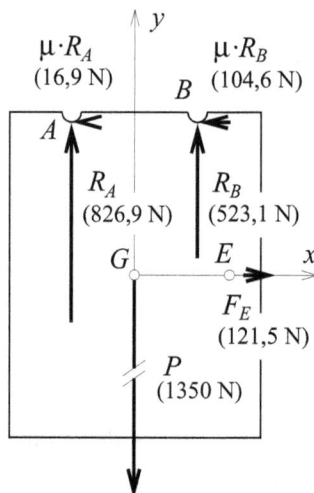 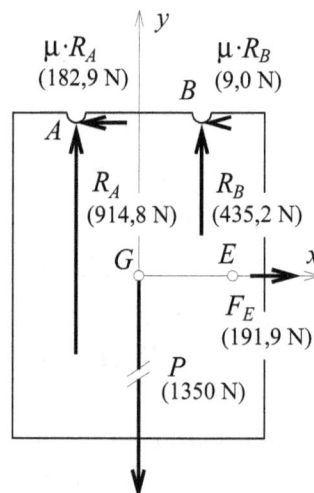

Diagrama de cos lliure de la porta per als casos 1), 2) i 3) de l'enunciat

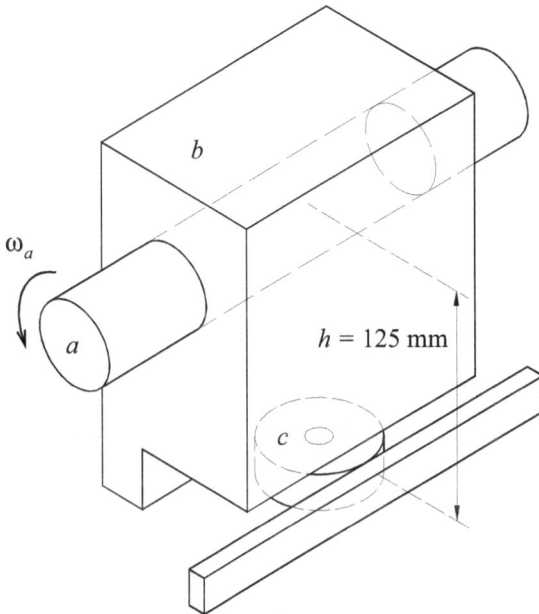

Enunciat

El bloc b de massa m_b=5 kg que fa de capçal d'una màquina, ha d'anar correctament guiat alhora que ha d'oferir una baixa resistència al desplaçament axial.

Per aconseguir-ho, se'l guia per mitjà d'una barra cilíndrica, a (que suporta el seu pes), i pel corró c, essent el diàmetre mínim per limitar la fletxa de la barra a un valor acceptable de d=45 mm. No es té en compte la resistència al rodolament del corró c.

Per disminuir el frec, es fa girar la barra, a, tot creant un fenomen de deriva entre el bloc i la barra. La resistència passiva a l'avanç ha de quedar limitada a F_v=4 N·s/m, essent el coeficient de fricció, μ=0,4. Es demana:

1. Velocitat angular, ω_a, per a obtenir la limitació de la força passiva
2. Potència dissipada en el moviment de rotació
3. Forces d'acció reacció entre el corró c i la guia.

Resposta:

En el fenomen de deriva, la força de fricció F_f=$\mu\cdot m\cdot g$ (N) no depèn del mòdul del mòdul de la velocitat $v_{b/a}$, però si de la direcció. Es procura que la velocitat tangencial del bloc respecte la barra $v_{xb/a}$ (deguda a la rotació de la barra) sigui molt més gran que la velocitat axial de desplaçament del bloc respecte a la barra, $v_{yb/a}$= v_b; d'aquesta manera, la força de fricció F_f, en descompondre's segons x i y, dóna lloc a un component F_T (que ha de ser vençut pel parell aplicat sobre l'eix) molt més gran que F_A (força que cal fer per desplaçar axialment el bloc b).

Si se suposa constant la velocitat angular de l'eix a (i, per tant, $v_{yb/a}$= $\omega_a\cdot d/2$ és també constant), l'angle φ augmenta quasi proporcionalment a la velocitat de desplaçament axial del bloc $v_{xb/a}$ (sempre que la relació $v_{xb/a}/v_{yb/a}$ es mantingui en valors molt petits).

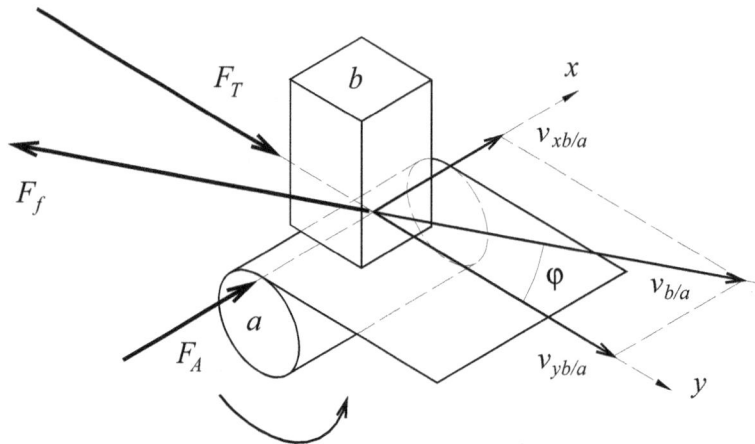

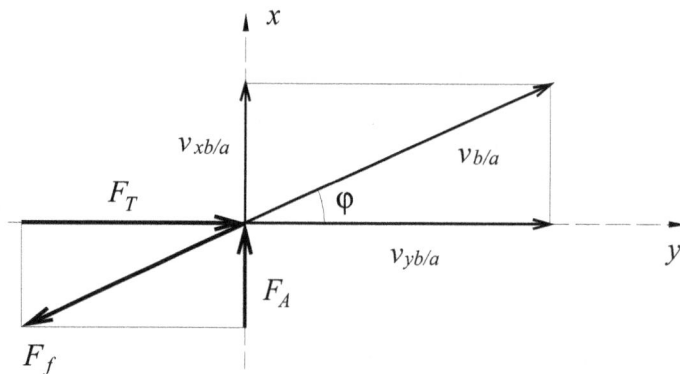

1.   S'estableixen, doncs, les següents relacions exacta i aproximada (aquesta segona vàlida per a valors petits de $v_{xb/a}$ respecte a $v_{yb/a}$; $g = 9{,}81$ m/s^2):

$$F_A/v_{xb/a} = F_f/v_{b/a} = \mu \cdot m \cdot g/(v_{xb/a}{}^2 + v_{yb/a}{}^2)^{1/2} \leq F_v = 4 \text{ N·s/m}$$
$$F_A/v_{xb/a} \approx \mu \cdot m \cdot g/v_{xb/a} = \mu \cdot m \cdot g/(\omega_a \cdot d/2) \leq F_v = 4 \text{ N·s/m}$$

D'on: $\omega_a \geq \mu \cdot m \cdot g/(F_v \cdot d/2) = 218$ rad/s $= 2082$ min^{-1}

2.   En el cas més desfavorable quan la força de fricció és tangencial ($\varphi = 0$, $F_T = F$), el parell, M, necessari per a proporcionar la velocitat angular de l'eix a (i la potència necessària per a originar el fenomen de deriva) són:

$$M = F_T \cdot d/2 = 0{,}441 \text{ N·m} \quad P = M \cdot \omega_a = 96{,}2 \text{ W}$$

3.   La reacció de la guia sobre el corró c per compensar el parell de deriva és:

$$F_c = M/h = 0{,}441/0{,}125 = 3{,}53 \text{ N}$$

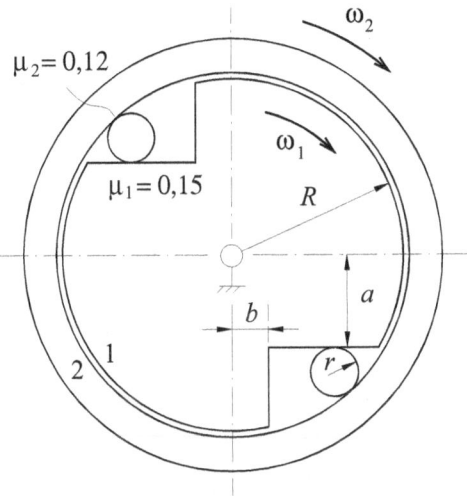

Enunciat

La figura mostra un mecanisme de roda lliure de boles. Quan la velocitat angular, ω_1, tendeix a ser superior a ω_2, els membres 1 i 2 s'acoblen gràcies a l'adherència entre les boles i cada un dels membres rotatoris, mentre que quan la velocitat angular, ω_1, tendeix a ser inferior a ω_2, els membres es desacoblen independent. Es demana:

1. Dimensioneu les distàncies, a i b, que facin possible el funcionament descrit ($R = 30$ mm; $r = 5$ mm).

Resposta

Atès que cada bola té sols dos contactes, les dues forces han de tenir la mateixa línia d'acció, igual mòdul i sentits contraris. Per assegurar l'adherència, les forces de contacte han de passar per l'interior dels respectius cons d'adherència en els punts A i B; o sigui:

$$\tan\alpha \le \mu_1 = 0,15 \qquad \tan\alpha \le \mu_2 = 0,12$$

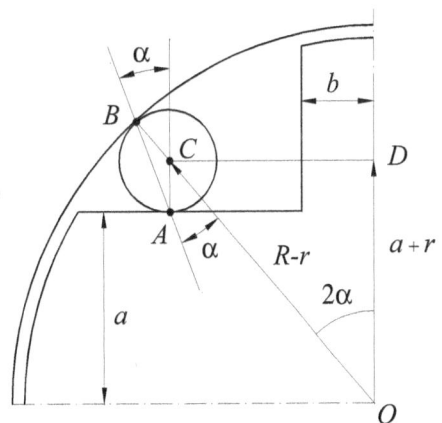

De les primeres desigualtats es dedueix:

$$\alpha < \mathrm{atan}\,\mu_2 = 6,843°$$

La relació de l'angle α i la distància a és:

$$\cos(2\alpha) = \frac{a+r}{R-r} \qquad a = (R-r)\cdot\cos(2\alpha) - r$$

El valor límit és $a = 19,29$ mm (per a valors inferiors, les boles rellisquen, mentre que per a valors superiors, hi ha autoretenció). Si es pren $a = 19,45$ mm ($\alpha = 6°$), la distància, b, ha de complir les següents limitacions (s'adopta un valor amb un marge de seguretat):

$$b < (R-r)\cdot\sin(2\cdot\alpha) - r = (30-5)\cdot\sin(2\cdot6) - 5 = 0,20 \text{ mm}; \qquad b = 0$$

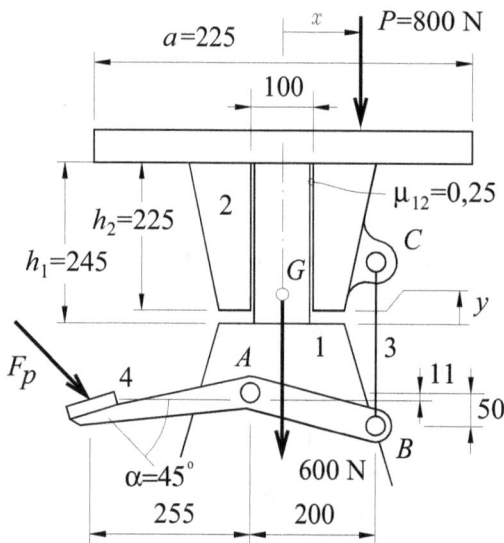

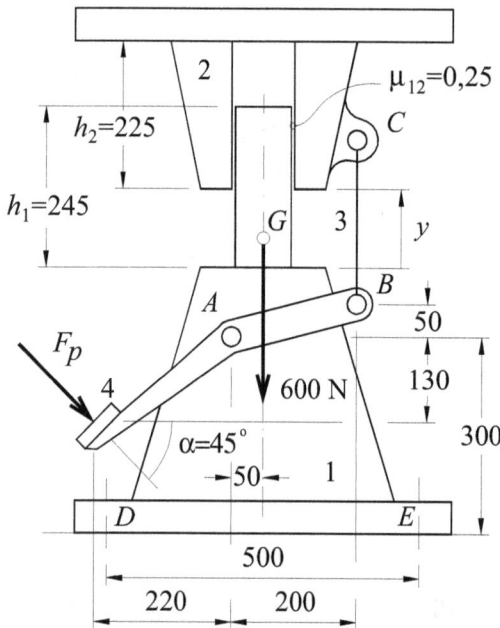

Enunciat

La Figura mostra un dispositiu per elevar càrregues situades damunt de la plataforma 1 guiada per un parell prismàtic i accionada pel pedal 3 a través de la biela 2 (F_p a 45°).

Tan sols es considera el frec en el parell prismàtic que guia la plataforma elevadora ($\mu_{12}=0{,}25$). A partir de les dimensions assenyalades a la figura, es demana d'estudiar els següents aspectes del mecanisme:

1. Diagrama de cos lliure en l'ascens de plataforma per a $x=0$ i $y=20$.
2. Evolució de la força transmesa per la barra 2 en l'ascens (des de $y=20$ a $y=120$ mm) quan $x=-300$ mm, i del rendiment del mecanisme.
3. Comportament del mecanisme en el moviment de descens quan $x=-300$ mm.
4. Modificacions que es podrien introduir per millorar aquest mecanisme.

Resposta

En disminuir la llargada efectiva del parell prismàtic a mesura que augmenta l'elevació de la plataforma, y, el guiatge esdevé més crític des del punt de vista de l'autoretenció. La distància del centre del parell prismàtic als punts d'autoretenció (U, V) varia en funció de l'elevació, y, seguint la llei següent:

$$d = \frac{225 - y}{2 \cdot \mu} \qquad d_{(y=20)} = 450\,\text{mm} \qquad d_{(y=120)} = 250\,\text{mm}$$

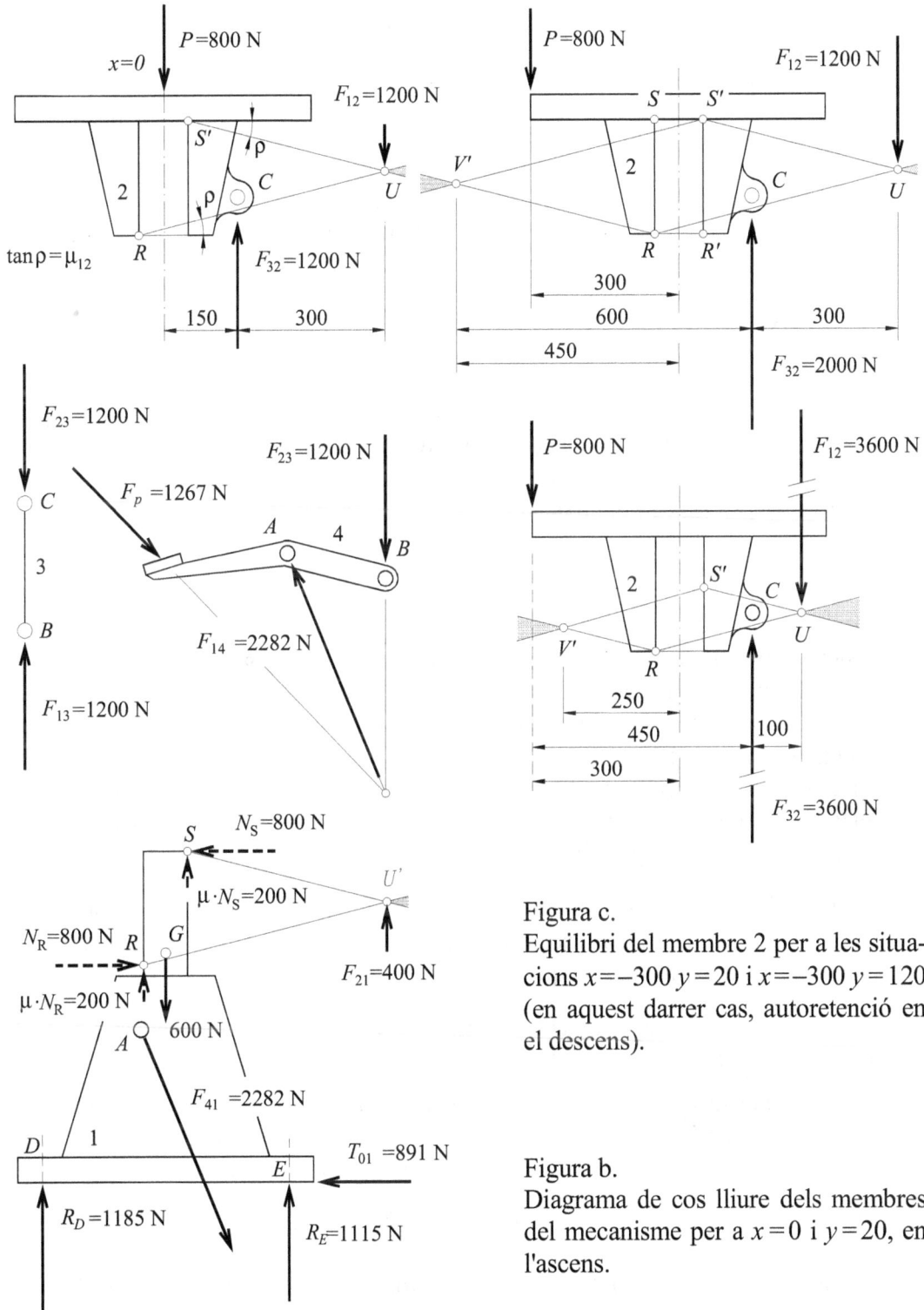

Figura c.
Equilibri del membre 2 per a les situacions $x=-300$ $y=20$ i $x=-300$ $y=120$ (en aquest darrer cas, autoretenció en el descens).

Figura b.
Diagrama de cos lliure dels membres del mecanisme per a $x=0$ i $y=20$, en l'ascens.

1. Coneguda la situació del punt d'autoretenció U per a $y=0$, la Figura b mostra el diagrama de cos lliure dels membres d'aquest mecanisme per a la posició de la càrrega indicada ($x=0$).

2. Com més elevada està la plataforma, més curta és la longitud de contacte del parell prismàtic i, per tant, més pròxim (i més crític) són els punts d'autoretenció U i V. Malgrat que la biela sofreix lleugeres desviacions (el punt B descriu un arc), la seva direcció en les posicions inicial i final coincideixen amb la direcció vertical. La Figura c mostra l'equilibri de forces per a les dues posicions extremes del mecanisme, que donen lloc a unes forces transmeses per la barra 2 de:

$$F_{12\ (x=-300,\ y=20)} = 2000\ \text{N} \qquad F_{12\ (x=-300,\ y=120)} = 4200\ \text{N}$$

En el cas de no existir frec, les reaccions en la guia serien horitzontals, independentment de la llargada de contacte, i la força que transmetria la barra 2 coincidiria amb el pes $F_{12}=P=800$ N. El rendimentdel mecanisme, $\eta_{(x,y)}$, per a les dues posicions del mecanism en funció de la força, $F_{12(x,y)}$, és, doncs:

$$\eta_{(-300,\ 20)} = \frac{F_{12\ (\mu=0)}}{F_{12(-300,\ 20)}} = \frac{800}{2000} = 0{,}40 \qquad \eta_{(-300,120)} = \frac{F_{12\ (\mu=0)}}{F_{12\ (-300,120)}} = \frac{800}{4200} = 0{,}19$$

S'observa que el rendiment disminueix ràpidament quan augmenta l'elevació, y, de la plataforma. La situació de la càrrega sobre la plataforma, x, també influeix de forma molt sensible sobre el rendiment, essent òptim quan $x=150$ mm (el rendiment calculat resulta ser $\eta=1$), mentre que disminueix quan s'allunya d'aquest punt (per a valors $x<150$ mm, els punts d'atorretenció són els marcats a la Figura c, mentre que, per a valors de $x>150$ mm, la plataforma bolca en el sentit contrari i els punts d'autoretenció corresponen als contactes R' i S).

3. En el moviment de descens el pes passa a ser la força motora. Si el pes està situat a $x=-300$ mm, la seva línia d'acció talla més enllà del corresponent punt d'autoretenció, V', i el moviment es bloqueja.

4. Per a millorar el comportament d'aquest mecanisme es podria actuar sobre els següents paràmetres:

   1) Disminuir el coeficient de fricció en la guia de la plataforma. Aquesta seria probablement la mesura més eficaç i es podria realitzar interposant entre les superfícies del parell prismàtic materials antifricció o elements de rodolament.

   2) Augmentar la longitud de les guies, h_1 i h_2 a fi d'allunyar els punts d'autoretenció.

   3) Disminuir l'amplada a de la plataforma (tot i que això limita les característiques funcionals de la màquina).

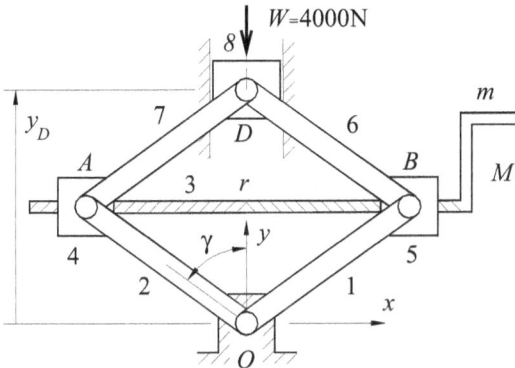

Enunciat

La figura esquematitza un cric mecànic per aixecar un automòbil per al canvi d'una roda.

La manovella m acciona l'eix roscat de pas, $p=1,5$ mm (una sola entrada) i diàmetre mig $d_m=10$ mm, amb rosques de sentits contraris que enllacen amb els dos daus A i B.

D'aquesta manera, els daus A i B s'acosten o s'allunyen entre sí (segons el sentit de gir del manubri) i es produeix l'elevació del dau D que empeny la carrosseria de l'automòbil. Es demana:

1. Límit d'adherència mínim per assegurar l'autoretenció del sistema.
2. Parell necessari per pujar i baixar la càrrega W, quan $\mu_0=0$
3. Parell necessari per pujar i baixar la càrrega W, quan $\mu_0=0,15$
4. Rendiment del mecanisme en el moviment de pujada i de baixada amb fricció.

Resposta

1. Una rosca és equivalent a un pla inclinat amb un angle d'inclinació de:

$$\tan\gamma = \frac{z \cdot p}{\pi \cdot d_m} = \frac{1 \cdot 0,0015}{\pi \cdot 0,010} = 0,0477$$

$$\gamma = \tan^{-1}0,0477 = 2,73°$$

Per assegurar l'autoretenció, cal que el límit d'adherència sigui igual o superior a $\tan\gamma$(els materials habitualment usats, com ara l'acer, solen complir aquesta condició):

$$\mu = \tan\rho = 0,15 \quad \geq \quad \tan\gamma = 0,0477$$

$$\rho = \tan^{-1}0,15 = 8,53°$$

2. Per a resoldre el segon apartat es pot aplicar el principi de les potències vituals.

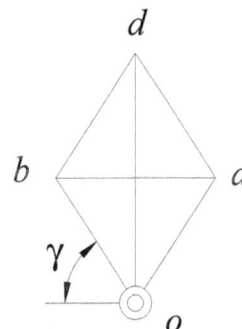

Figura b
Cinema de velocitats virtuals
del quadrilàter $ABCD$

Prèviament cal establir les relacions entre el moviment de gir del manubri i el moviment de pujada del dau D a partir del cinema de velocitats virtual del paral·lelogram $OBCD$ (Figura b) i de la velocitat relativa entre els daus A i B respecte a la velocitat de gir del manubri, ω.

$$v_D = v_{A/B} \cdot \tan\omega$$
$$v_{A/B} = \omega \cdot (2 \cdot p/(2 \cdot \pi))$$
$$v_D = \omega \cdot (\tan\gamma \cdot p/\pi)$$

Aplicant l'equació de les potències virtuals dóna parells de pujada, $M_{P(\mu=0)}$, i de baixada, $M_{B(\mu=0)}$, iguals:

$$W \cdot v_D - M \cdot \omega = 0$$
$$M = M_{P(\mu=0)} = M_{B(\mu=0)} =$$
$$= W \cdot (v_D/\omega) = W \cdot (\tan\gamma \cdot p/\pi)$$

3. Quan hi ha frec, cal una anàlisi més detinguda de la transmissió de forces en la rosca en base al model de la Figura c.

a) Pujada (Figura $c2$)

Quan s'eleva la càrrega W, el parell aplicat al manubri, $M_{P(\mu)}$, se substitueix per dues forces tangencials en el model de les rosques. La que correspon al cargol en la zona del dau B, ($F_{TP(\mu)}$, a la figura) s'equilibra amb la força de contacte, F_C (desviada un angle $\rho = \text{atan}\mu$, de la normal en sentit contrari al de la velocitat relativa $v_{3/5}$), i amb la força axial que suporta la mateixa barra roscada, $F_{XP(\mu)}$.

Les reaccions axials sobre els daus A i B, transmeses al dau D per mitjà de les barres 1 i 6, vencen el pes de l'automòbil. Com en el cas anterior, la relació entre aquestes forces s'obté, per mitjà del teorema de les potències virtuals, en base a les relacions cinemàtiques del quadrilàter $OBCD$.

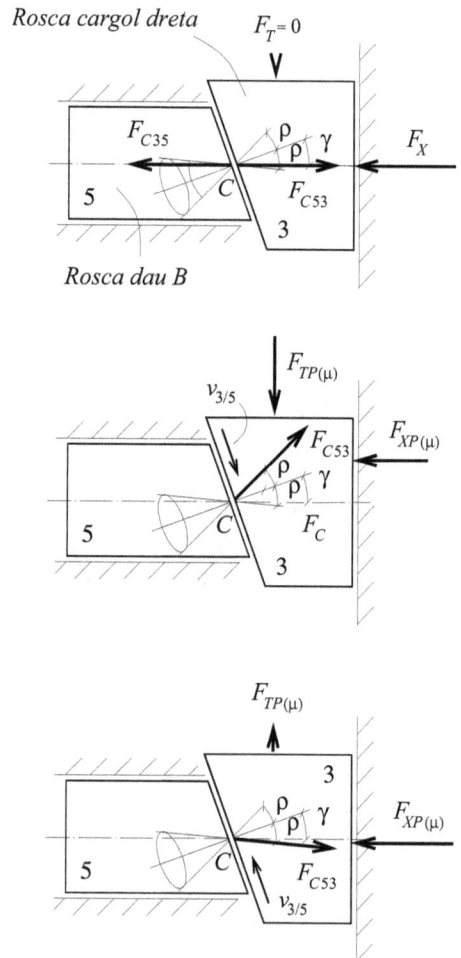

Figura c. Rosca del dau B

1) Condició d'autoretenció;
2) Equilibri de forces en la pujada;
3) Equilibri de forces en la baixada.

$$v_D = v_{A/B} \cdot \tan\gamma \qquad W \cdot v_D + F_{XP(\mu)} \cdot v_{A/B} = 0 \qquad F_{XP(\mu)} = W \cdot v_D/v_{A/B} = W \cdot \tan\gamma$$

L'equilibri de forces en la rosca dóna la relació entre les forces axial i tangencial:

$$F_{XP(\mu)} = F_{TP(\mu)} \cdot \tan(\alpha+\rho) = \tfrac{1}{2} \cdot (M_{P(\mu)}/(\tfrac{1}{2} \cdot d_m)) \cdot \tan(\alpha+\rho)$$

I, refonent les expressions anteriors, s'arriba a:

$$M_{P(\mu)} = W \cdot d_m \cdot \tan(\alpha+\rho)/\tan\gamma$$

b) *Baixada* (Figura *c*3)

Atesa la irreversibilitat de la transmissió, per al descens cal exercir un parell de sentit contrari sobre el manubri, $M_{B(\mu)}$, el qual també se subtitueix per dues forces tangencials en el model de les rosques. La que correspon al cargol en la zona del dau *B*, ($F_{TB(\mu)}$, a la figura) s'equilibra amb la força de contacte, F_C (desviada de la normal en el punt de contacte d'un angle $\rho=\text{atan}\mu$, de sentit contrari al de la velocitat relativa $v_{3/5}$, ara de sentit contrari al cas anterior), i amb la força axial, $F_{XB(\mu)}$, que suporta la mateixa barra roscada. L'expressió d'aquest equilibri és:

$$F_{XB(\mu)} = F_{TB(\mu)} \cdot \tan(\alpha-\rho) = \tfrac{1}{2} \cdot (M_{B(\mu)}/(\tfrac{1}{2} \cdot d_m)) \cdot \tan(\alpha-\rho)$$

En la baixada, les reaccions axials sobre els daus *A* i *B*, transmeses al dau *D* per mitjà de les barres 1 i 6, retenen el pes de l'automòbil, *W*, forces relacionades per la mateixa equació de les potències virtuals. Refonent novament les expressions, s'arriba a l'expressió del moment de baixada (en el sentit de baixada):

$$M_{B(\mu)} = W \cdot d_m \cdot \tan(\alpha-\rho)/\tan\gamma$$

4. *Rendiment*. Tant en la pujada com en la baixada, el rendiment d'aquesta transmissió s'obté com a quocient entre el parell necessari per a moure la càrrega quan hi ha fricció i el mateix parell quan no hi ha fricció. Aquests rendiments són, respectivament:

$$\eta_P = \frac{M_{P(\mu)}}{M_{P(\mu=0)}} = \frac{\tan\alpha}{\tan(\alpha+\rho)} = \frac{\tan 2,73°}{\tan(2,73°+8,53°)} = 0,24$$

$$\eta_B = \frac{M_{B(\mu)}}{M_{B(\mu=0)}} = \frac{\tan\alpha}{\tan(\alpha-\rho)} = \frac{\tan 2,73°}{\tan(2,73°-8,53°)} = -0,47$$

En la pujada, aquesta transmissió té un rendiment de tan sols el 0,24. Això vol dir que cal exercir un parell sobre la manovella 1/0,24=4,17 vegades més gran que el que caldria exercir si no hi hagués fricció en la rosca.

En la baixada, i com a conseqüècia de la irreversibilitat del mecanisme, cal exercir sobre la manovella un parell 1/0,47=2,13 vegades més gran (i en el sentit de la baixada, segons assenyala el valor negatiu del rendiment) que el que caldria exercir per retenir la càrrega si no hi hagués fricció en la rosca.

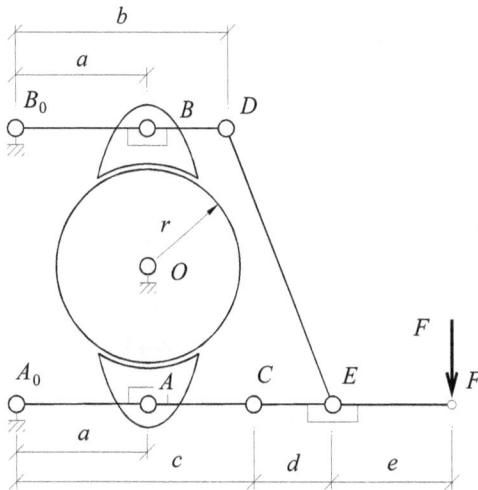

Enunciat

La Figura mostra un fre de dues sabates articulades sobre uns balancins accionats per un mecanisme de barres.

Es demana la condició geomètrica que han de complir les barres per tal que les forces radials de les dues sabates sobre el tambor siguin iguals i es compensin.

Resposta

El mecanisme de barres té dos graus de llibertat. En efecte, fixant el punt C, s'obté el quadrilàter articulat $CEDB_0$, mentre que fixant el punt D, s'obté el quadrilàter articulat A_0CED. Aquests són els dos moviments independents que s'estudien.

Si es considera que el tambor no gira, es poden substituir les reaccions del tambor sobre les sabates (que alhora es transmeten sobre el mecanisme articulat) per dues forces radials, F_A i F_B, aplicades als punts A i B (Figura a).

El plantejament general de les potències virtuals sobre aquest mecanisme de barres és el següent:

$$F_A \cdot v_A + F_B \cdot v_B + F \cdot v_F = 0$$

Hi ha dues possibilitats diferents de moure el mecanisme. Per la facilitat d'anàlisi, es trien aquelles que corresponen a quan els punts C i D són, respectivament, immobilitzats (Figures b i c).

Quan s'immobilitza el punt C, s'estableix la següent relació de velocitats (Figura b):

$$\frac{v_B}{v_F} = \frac{v_B}{v_D} \cdot \frac{v_D}{v_E} \cdot \frac{v_E}{v_F} = \frac{a}{b} \cdot 1 \cdot \frac{d}{d+e}$$

I, la relació entre les forces F_B i F esdevé:

$$F_A \cdot 0 - F_B \cdot v_A + F \cdot v_F = 0$$

$$F_B = \frac{b \cdot (d+e)}{a \cdot d} \cdot F$$

I, quan s'immobilitza el punt D, es pot establir la nova relació de velocitats independent de l'anterior (Figura b):

$$\frac{v_A}{v_F} = \frac{v_A}{v_C} \cdot \frac{v_C}{v_F} = \frac{a}{c} \cdot \frac{d}{e}$$

I, la relació entre les forces F_A i F esdevé:

$$-F_A \cdot v_A - F_B \cdot 0 + F \cdot v_F = 0$$

$$F_A = \frac{c \cdot e}{a \cdot d} \cdot F$$

Si es vol que els rodaments de l'arbre del tambor no estiguin sotmesos a forces com a resultant de les forces normals, cal que aquestes siguin d'igual mòdul (tal com s'han definit en les Figures, tenen sentits contraris i, per tant, es compensen):

$$F_A = F_B \quad \Rightarrow \quad c \cdot e = b \cdot (d+e)$$

Aquesta és la condició geomètrica que han de complir les barres per assegurar la neutralitat de les forces radials sobre el tambor.

Per exemple:

Partint de $r = 120$ mm i $a = 150$ mm, una solució per a les restants barres podria ser: $b = 250$ mm; $c = 300$ mm; $d = 30$ mm; $e = 150$ mm.

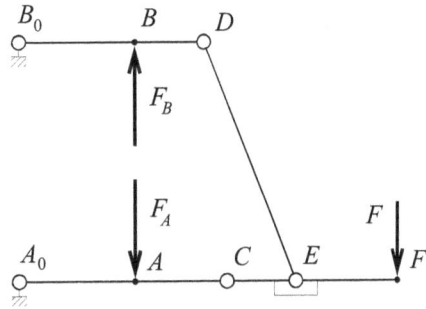

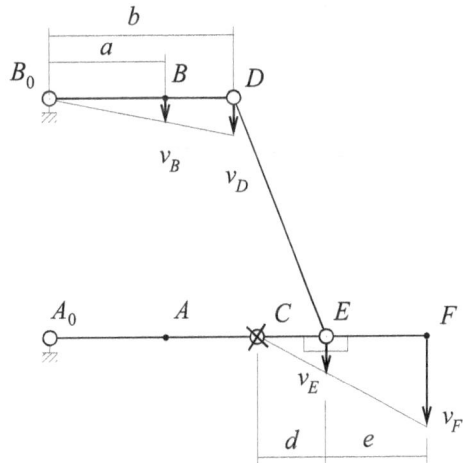

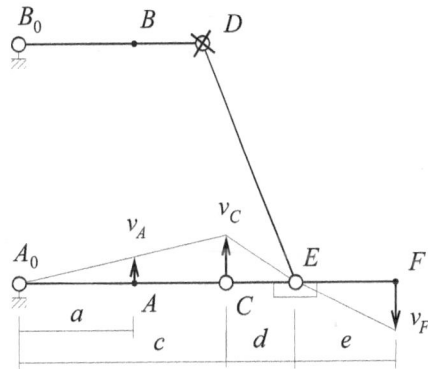

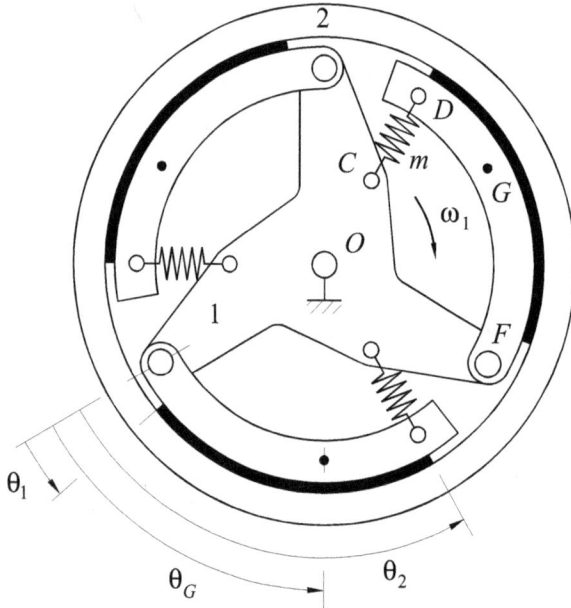

Enunciat

Molles:
Constant rigidesa: $K=8000$ N/m
Longitud inicial: $l_0=30$ mm
Longitud muntatge: $CD=35$ mm

Sabates:
Centre de masses: $OG=94$ mm
Massa: $m_S=325$ g
Punts d'articulació: $OF=92$ mm
Angle inicial contacte: $\theta_1=10°$
Angle final contacte: $\theta_2=90°$
Ref. centre masses: $\theta_G=50°$

Tambor:
Diàmetre $d=216$ mm
Amplada: $b=35$ mm
Sabates-tambor: $\mu=0,4$.

La Figura representa un embragatge centrífug format per tres sabates articulades sobre l'arbre 1 que actuen sobre el tambor unit a l'arbre 2. En augmentar la velocitat de l'arbre 1, les les forces d'inèrcia de D'Alembert que actuen sobre el centre de masses de les sabates, *G*, vencen les forces de les molles, *m*, i les empenyen enfora de manera que estableixen unes forces de contacte amb el tambor.

Les forces de fricció entre sabates i tambor són les responsables del parell que es transmet entre els dos arbres. Cal observar que aquests embragatges són irreversibles; això és, que iniciant el moviment pel tambor, mai s'estableix el contacte entre sabates i tambor, ja que no actuen les forces d'inèrcia de D'Alembert sobre les sabates.

Es demana la velocitat mínima de l'arbre 1 per a transmetre un parell de $M_e=60$ N·m en els següents casos:

1. Quan l'arbre 1 gira en el sentit indicat en la figura
2. Quan l'arbre 1 gira en el sentit contrari a l'indicat a la figura

Resposta

Les tres sabates tenen la mateixa geometria. Per tant, els coeficients A, B i C de les sabates, el radi del centre d'empenta, $r_E = OC$, i l'angle de referència de la resultant de les forces de contacte, θ_E, són els mateixos per a les tres sabates. La Figura b mostra l'equilibri de forces d'una sabata:

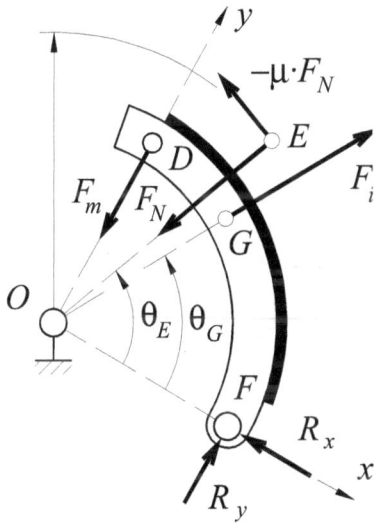

Figura b
Diagrama de cos
lliure d'una sabata

Paràmetres de la geometria de la sabata:

$$A = \frac{1}{4}\left[2 \cdot \theta - \sin 2 \cdot \theta\right]_{\theta_1}^{\theta_2} = 0{,}7836$$

$$B = \frac{1}{2}\left[\sin^2\theta\right]_{\theta_1}^{\theta_2} = 0{,}4949$$

$$C = \left[-\cos\theta\right]_{\theta_1}^{\theta_2} = 0{,}9848$$

Centre d'empenta:

$$r_E = OC = \frac{d}{2} \cdot \frac{C}{\sqrt{A^2 + B^2}} = 0{,}1154 \, m$$

$$\theta_E = \tan^{-1}\frac{A}{B} = 58{,}25°$$

1. Quan el membre 1 gira en el sentit marcat en la figura, les sabates són secundàries. Per vèncer el parell amb les 3 sabates, cal que sigui:

$$M = 3 \cdot \mu \cdot F_N \cdot r_E = 60 \ \text{N·m} \qquad F_N = 433{,}3 \ \text{N} \qquad \mu \cdot F_N = 173{,}3 \ \text{N}$$

Essent la pressió màxima la dels extrems no articulats de les sabates:

$$p_0 = \frac{F_N}{b \cdot (d/2) \cdot \sqrt{A^2 + B^2}} = 0{,}124 \ \text{N/mm}^2$$

Per a poder calcular la velocitat angular (secundària) mínima, ω_{Smin}, a la qual l'embragatge és capaç de transmetre 60 N·m, cal trobar les expressions de la força de la molla i de la força d'inèrcia:

$$F_m = K \cdot (CD - l_0) = 40 \ \text{N} \qquad F_i = m_S \cdot \omega^2 \cdot GO = 0{,}03055 \cdot \omega^2 \ \text{N}$$

La Figura *b* mostra el diagrama de cos lliure d'una de les sabates el qual permet plantejar el següent sistema d'equacions de l'equilibri de la sabata, amb les tres incògnites, R_x, R_y i $\omega_{Smín}$:

$$\sum F_x = 0 = F_I \cdot \cos\theta_G - F_N \cdot \cos\theta_E + \mu \cdot \sin\theta_E - R_x$$

$$\sum F_y = 0 = F_I \cdot \sin\theta_G - F_N \cdot \sin\theta_E - \mu \cdot \cos\theta_E - F_m$$

$$\sum M_0 = 0 = R_y \cdot OF - \mu \cdot F_N \cdot GO$$

La seva resolució prenent $\mu = -0{,}4$ (efecte secundari) condueix als següents valors:

$$R_x = -73{,}3 \ \text{N} \qquad R_y = -217{,}4 \ \text{N} \qquad F_I = 687{,}9 \ \text{N}$$

$$\omega_{Smín} = 151{,}1 \ \text{rad/s} = 1443{,}3 \ \text{min}^{-1}$$

2. Quan la sabata gira en sentit contrari a l'indicat en la figura, llavors les sabates són primàries). Tots els càlculs i equacions anteriors són vàlides prenent $\mu = +0{,}4$ ja que el signe de les forces de fricció té sentit contrari en les equacions de l'equilibri de la sabata. La resolució d'aquest nou sistema dóna:

$$R_x = -156{,}2 \ \text{N} \qquad R_y = 217{,}4 \ \text{N} \qquad F_I = 368{,}4 \ \text{N}$$

$$\omega_{Smín} = 109{,}8 \ \text{rad/s} = 1048{,}6 \ \text{min}^{-1}$$

Observeu que, quan es dóna l'efecte primari, s'obté el mateix parell de frenada amb una velocitat angular força més petita.

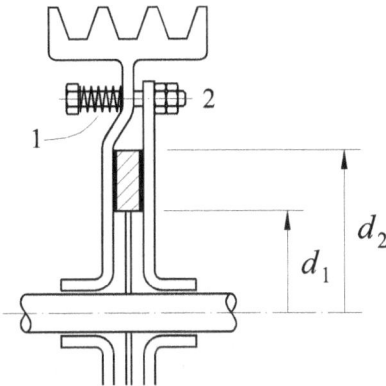

Enunciat

Per a protegir un motor elèctric d'un eventual bloqueig de la càrrega, es col·loca un embragatge de disc incorporat a la politja receptora de la transmissió, de manera que rellisqui quan el receptor superi el següent parell:

$$M_r \geq 200 \text{ N.m}$$

La força F_A que exerceixen les molles (1) es regula per mitjà dels cargols (2).

La pressió admissible del material del disc és $p_{adm} \leq 0,1$ N/mm^2 i el límit d'adherència és $\mu_0 \leq 0,2$. Es demana:

1. Dimensions del disc (d_1 i d_2) de manera que $d_1 = (2/3) \cdot d_2$
2. Força conjunta, F_A, de totes les molles

Resposta

1. El disc treballa per dues cares i, en cada una d'elles, el parell de fricció és:

$$M_f \leq \tfrac{1}{2} \, 200 \text{ N·m} = 100 \text{ N·m}$$

A partir de l'expressió del parell de fricció és: $M_f = \pi \cdot \mu \cdot p_{adm} \cdot d_1 \cdot (d_2{}^2 - d_1{}^2)/8$ i que la relació de diàmetres és $d_1 = (2/3) \cdot d_2$, resulta: $M_f = (5/108) \cdot \pi \cdot \mu \cdot p_{adm} \cdot R_2{}^3$. Aïllant el dià-metre exterior, d_2, i aplicant valors, s'obté:

$$d_2 = \sqrt[3]{\frac{108 \cdot M_f}{5 \cdot \pi \cdot \mu_0 \cdot p_{adm}}} = \sqrt[3]{\frac{108 \cdot 100}{5 \cdot 3,1416 \cdot 0,2 \cdot 10^5}} = 0,325 \text{ m} \quad d_1 = 0,217 \text{ m}$$

2) La força conjunta de totes les molles ha de ser la necessària per a proporcionar el parell de fricció anterior. A continuació es dóna la relació entre la força axial, F_A, (normal a les superfícies) i el parell de fricció, M_f, i s'apliquen valors:

$$F_A = \frac{4 \cdot M_f}{\mu_0 \cdot (d_1 + d_2)} = \frac{4 \cdot 100}{0,2 \cdot (0,325 + 0,217)} = 3692 \text{ N}$$

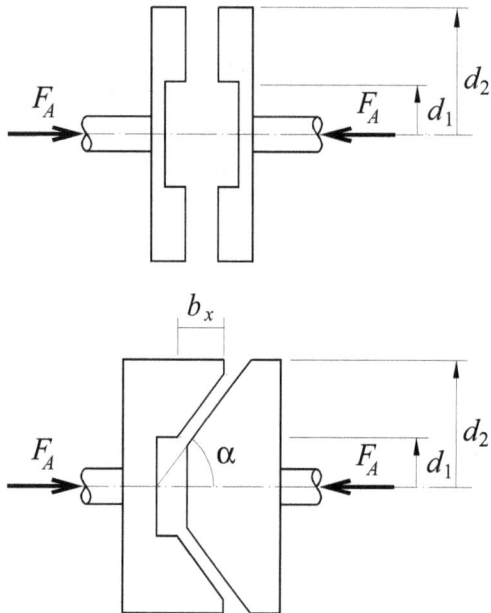

Enunciat

Es vol transmetre un parell de $M=100$ N·m per mitjà d'un embragatge de disc d'una sola cara o d'un embragatge cònic.

Es proposa de fer una anàlisi comparativa de les dimensions resultants d'aquestes dues geometries, amb la condició que, per a l'embragatge cònic, les superfícies no quedin autoretingudes en deixar d'aplicar-se la força axial de connexió, F_A.

El material utilitzat admet una pressió màxima de treball de $p_{adm}=50000$ N/m^2 i el coeficient de fricció és de $\mu=0,3$.

Resposta:

La condició de no autoretenció per tal que no quedin agafades les superfícies còniques quan es deixa d'aplicar la força axial de connexió, F_A, és que el con d'adherència en qualsevol punt de la superfície de contacte no inclogui forces contingudes en un pla perpendicular a l'eix del con. En cas contrari, sense la necessitat de forces axials exteriors, es podria establir l'equilibri en cada una de les parts amb tan les sols forces d'acció reacció que passen per l'interior dels respectius cons d'adherència.

La condició de no autoretenció de l'embragatge cònic (per assegurar el desacoblament), s'expressa per: $\alpha \geq$ atan$\mu=16,7°$ (es pren $\alpha=25°$). Tant en l'embragatge pla com en el cònic, es parteix de la relació òptima de diàmetres: $d_2=3^{1/2} \cdot d_1=1,73 \cdot d_1$.

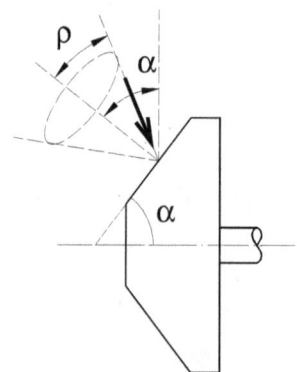

La distribució de pressions, sempre normal a les superfícies de contacte, és la mateixa en els dos tipus d'embragatge: $p=k/r$; però en l'embragatge cònic cal projectar-les sobre la direcció axial a fi de calcular la força de connexió, F_A.

Forces de connexió:

$$pla \quad F_A = \int_{r_1}^{r_2} p \cdot ds = \int_{r_1}^{r_2} \left(\frac{k}{r}\right) \cdot (2 \cdot \pi \cdot r \cdot dr) = \pi \cdot k \cdot (d_2 - d_1)$$

$$cònic \quad F_A = \int_{r_1}^{r_2} (p \cdot \sin\alpha) \cdot ds = \int_{r_1}^{r_2} \left(\frac{k}{r} \cdot \sin\alpha\right) \cdot \left(2 \cdot \pi \cdot r \cdot \frac{dr}{\sin\alpha}\right) = \pi \cdot k \cdot (d_2 - d_1)$$

Parells de fricció:

$$pla \quad M_f = \int_{r_1}^{r_2} \mu \cdot p \cdot ds \cdot r = \int_{r_1}^{r_2} \left(\frac{k}{r}\right) \cdot (2 \cdot \pi \cdot r \cdot dr) \cdot r = \frac{\pi \cdot \mu \cdot k \cdot (d_2^2 - d_1^2)}{4}$$

$$cònic \quad M_f = \int_{r_1}^{r_2} \mu \cdot p \cdot ds \cdot r = \int_{r_1}^{r_2} \left(\frac{k}{r}\right) \cdot (2 \cdot \pi \cdot r \cdot \frac{dr}{\sin\alpha}) \cdot r = \frac{\pi \cdot \mu \cdot k \cdot (d_2^2 - d_1^2)}{4 \cdot \sin\alpha}$$

Si s'introdueix en tots els casos la pressió admissible de treball, $k = p_{adm} \cdot d_1/2$ i la relació òptima de diàmetres, $d_2/d_1 = 3^{\frac{1}{2}}$, s'obtenen les següents expressions:

Embragatge pla

$$d_1 = \sqrt[3]{\frac{4 \cdot M_f}{\pi \cdot \mu \cdot p_{adm}}} = 0{,}204 \text{ m}$$

$$d_2 = \sqrt{3} \cdot d_1 = 0{,}353 \text{ m}$$

$$F_A = \frac{4 \cdot M_f}{\mu \cdot (d_1 + d_2)} = 2392 \text{ N}$$

Embragatge cònic

$$d_1 = \sqrt[3]{\frac{4 \cdot M_f \cdot \sin\alpha}{\pi \cdot \mu \cdot p_{adm}}} = 0{,}153 \text{ m}$$

$$d_2 = \sqrt{3} \cdot d_1 = 0{,}265 \text{ m}$$

$$F_A = \frac{4 \cdot M_f \cdot \sin\alpha}{\mu \cdot (d_1 + d_2)} = 1347 \text{ N}$$

Des de tots els punts de vista sembla millor l'embragatge cònic (dimensions més petites, força axial més baixa), sempre que no tingui una gran importància la dimensió axial. Tanmateix, l'embragatge pla facilita la disposició multidisc que suma els efectes, disposició que en els embragatges cònics no habitual (i, en tot cas, la solució constructiva és molt més complexa).

L'ocupació axial d'un engranatge cònic, b_x, creix molt quan es pren un semiangle del con petit. La seva expressió és i, en aquest problema, val:

$$b_x = \frac{d_2 - d_1}{2 \cdot \tan\alpha} = 0{,}120 \text{ m}$$

Com es pot comprovar, la dimensió axial d'aquest embragatge és de 120 mm (comparable amb la dels diàmetres), fet que permetria articular una solució multidisc capaç de transmetre un parell probablement més gran.

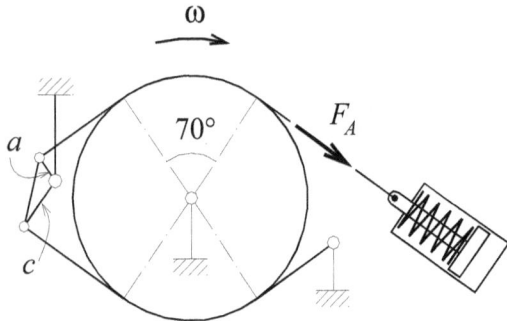

Enunciat

Per aconseguir que la reacció sobre els suports de l'arbre del tambor sigui nul·la, es dissenya el sistema de forma que les distribucions de pressions en les dues cintes de la Figura siguin simètriques. Es demana:

1. Relació a/c per tal que es compleixi la condició anterior
2. Parell màxim de frenada
3. Força, F_A, d'accionament
4. Reaccions en les articulacions A i B.

Dades: Diàmetre del tambor, $d = 340$ mm; Amplada de la cinta, $b = 40$ mm; Coeficient de fricció, $\mu = 0,3$; Pressió ad-missible, $p_{adm} = 0,1$ MPa.

Resposta

1. Les relacions de paràmetres de la cinta superior són:

$$F_2 = p_{adm} \cdot b \cdot \frac{d}{2} = 10^5 \cdot 0,04 \cdot \frac{0,34}{2} = 680 \, \text{N}$$

$$F_1 = \frac{F_2}{e^{\mu \cdot \theta}} = \frac{680}{e^{0,3 \cdot 1,22}} = 471 \, \text{N}$$

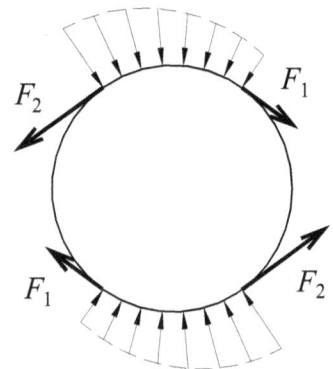

Forçant que la distribució de tensions en la cinta inferior sigui la mateixa que la superior, s'assegura que no hi haurà reacció sobre l'arbre. Això s'aconsegueix per mitjà de:

$$\frac{a}{c} = \frac{F_1}{F_2} = \frac{1}{e^{\mu \cdot \theta}} = 0,693$$

2. El parell de fricció és (dues cintes):

$$M_f = 2 \cdot (F_2 - F_1) \cdot \frac{d}{2} = 2 \cdot (680 - 471) \cdot \frac{0,340}{2} = 71,1 \, \text{Nm}$$

3. La força que ha de fer l'accionament és precisament la tensió $F_1 = 471$ N.

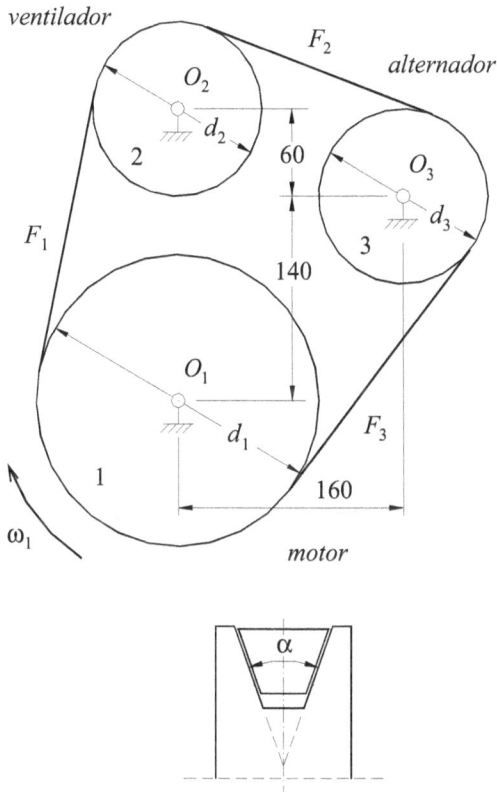

ventilador

alternador

motor

Enunciat

La Figura representa tres eixos d'un motor d'explosió enllaçats entre ells per una corretja trapezial. L'eix 1 correspon a l'arbre del motor i gira a una velocitat de règim de $n_1 = 3000$ min⁻¹, l'eix 2 mou el ventilador i absorbeix 1,2 kW i, l'eix 3, mou l'alternador i absorbeix 2 kW.

Es demana la força mínima a què han d'estar sotmesos els tres ramals de la corretja, en el ben entès que no rellisca sobre les politges.

Dades de les politges (mm):
Diàmetres primitius: $d_1 = 200$,
    $d_2 = 120$, $d_3 = 120$
Referència a l'eix 1
Coordenades eix 2: $x_2 = 0$, $y_2 = 200$
Coordenades eix 3: $x_3 = 160$, $y_3 = 0$

Paràmetres de la corretja trapezial:
Límit d'adherència: $\mu_0 = 0,35$
Massa per longitud: $m_l = 0,1$ kg/m
Angle ranura trapezial: $\alpha = 40°$

Resposta

A partir de les coordenades dels tres centres i dels diàmetres de les politges, un estudi geomètric d'aquesta transmissió condueix als següents valors dels angles abraçats per la corretja sobre les tres politges:

$\theta_1 = 153,57° = 2,680$ rad
$\theta_2 = 99,02° = 1,728$ rad
$\theta_3 = 107,41° = 1,875$ rad

El coeficient d'adherència aparent de la corretja és:

$\mu' = \mu/\sin(\alpha/2) = 0,35/\sin 20 = 1,02$

Les velocitats angulars de les tres rodes són:

$n_1 = 3000$ min^{-1} ($\omega_1 = 314,2$ rad/s)
$n_2 = n_3 = 5/3 \cdot n_1$ ($\omega_2 = 523,6$ rad/s
$\omega_3 = 523,6$ rad/s)

Per mitjà de les potències cedides o absorbides en cada eix es poden avaluar les diferències de forces de tracció a l'entrada i sortida de cada politja:

$$F_3 - F_2 = P_{alt}/(\omega_3 \cdot d_3/2) =$$
$$= 2000/(523,6 \cdot 0,12/2) = 63,7 \text{ N}$$

$$F_2 - F_1 = P_{ven}/(\omega_2 \cdot d_2/2) =$$
$$= 1200/(523,6 \cdot 0,12/2) = 38,2 \text{ N}$$

$$F_3 - F_1 = 63,7 + 38,2 = 101,9 \text{ N}$$

En aquesta aplicació cal tenir en compte també la tensió deguda a la força centrífuga:

$$F_c = m_l \cdot v^2 = m_l \cdot (\omega_1 \cdot d_1/2)^2 = 98,7 \text{ N}$$

Per calcular la força de tracció més elevada, F_3, corresponent a l'entrada de la corretja a la politja del motor, cal resoldre la més desfavorable de les tres desigualtats següents:

$$\frac{F_3 - F_c}{F_1 - F_c} = \frac{F_3 - 98,7}{F_3 - 101,9 - 98,7} \leq e^{\mu' \cdot \theta_1} = e^{1,02 \cdot 2,680} = 15,39$$

$$\frac{F_2 - F_c}{F_1 - F_c} = = \frac{F_3 - 63,7 - 98,7}{F_3 - 101.9 - 98,7} \leq e^{\mu' \cdot \theta_2} = e^{1,02 \cdot 1,728} = 5,82$$

$$\frac{F_3 - F_c}{F_2 - F_c} = = \frac{F_3 - 98,7}{F_3 - 63,7 - 98,7} \leq e^{\mu' \cdot \theta_3} = e^{1,02 \cdot 1,875} = 6,77$$

Les tres desigualtats condueixen a uns valors mínims de $F_3 \geq (207,7; 208,5; 173,4$ N respectivament). La politja més crítica és la 2, seguida d'aprop per la politja 1. A fi de donar un cert marge de seguretat, cal preveure que la corretja pugui treballar a una força de tracció d'uns 225 N.

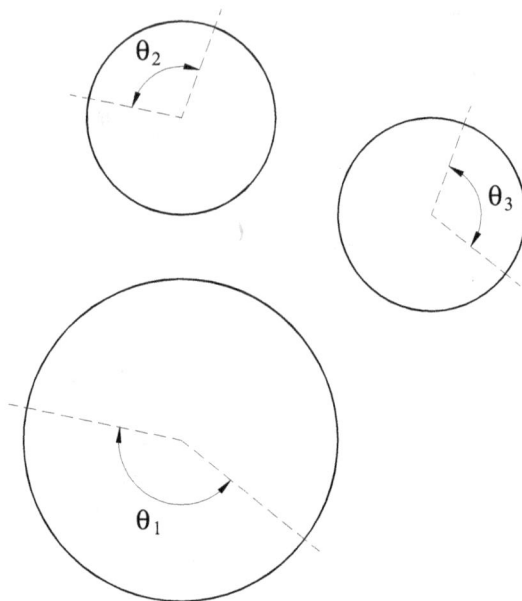

La figura mostra un ascensor format per una cabina i un contrapès suspesos i accionats per un conjunt de 4 cables en paral·lel, tal com estableix la normativa.

Si els cables passessin directament del tambor de tracció, T, a la politja de reenviament, P_1 (per desplaçar el contrapès), el petit arc que el cable abraça el tambor T (forçosament menys de ½ de volta) no asseguraria una adherència suficient. Per augmentar la tracció (tot evitant ranures helicoïdals en el tambor que, amb el moviment, desplaçarien els cables lateralment), s'introdueix una segona politja de reenviament, P_2, de manera que permet establir un o més anells de circulació dels cables entre els tambor T i la politja P_2 (en la figura n'hi ha dibuixat un de sol).

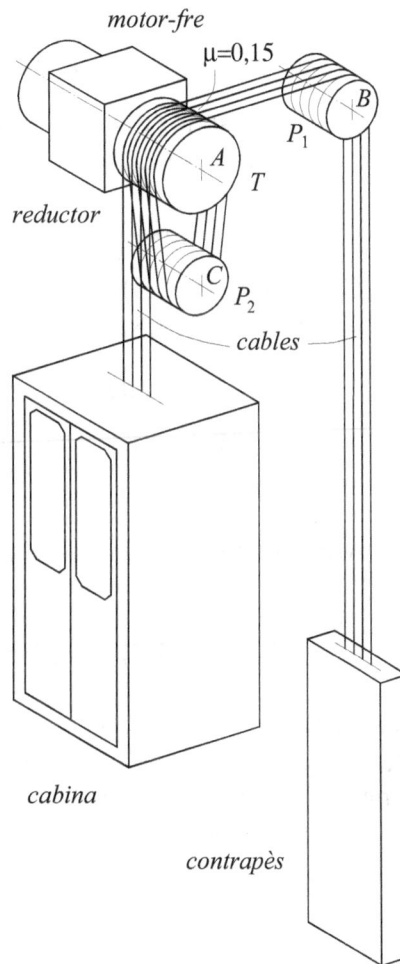

Tenint present les següents maniobres de l'ascensor (pujant: ↑; baixant: ↓)
a) Carregat, accelera ↑ / desaccelera ↓
b) Descarregat, accelera ↑ / desaccelera ↓
c) Carregat, desaccelera ↑ / accelera ↓
d) Descarregat, desaccelera ↑ / accelera ↓

Es demana:
1) Relació de forces de tracció (F_1 per al cable de l'ascensor; F_2 per al cable del contrapès) en les diferents maniobres. Cas més crític.
2) Nombre mínim d'anells de circulació del cable entre el tambor-T i la politja-P_1 per assegurar la tracció en el cas més desfavorable.
3) Reaccions sobre A, B i C (establiu suposicions sobre màxims i mínims).

Dades ($g = 10$ m/s^2): *Masses*: cabina buida 600 kg, contrapès 750 kg, càrrega (4 persones) 300 kg; *Diàmetres*: Tambor T 350 mm, politges de reenviament P_1 i P_2 300 mm; *Acceleracions*: ascendent/descendent $a = 1,5$ m/s^2; *Contacte cable-tambor*: límit d'adherència $\mu = 0,15$.

Resposta

1. Les forces de tracció en els dos ramals són fruit del pes que suporten (l'ascensor pot estar descarregat o carregat amb 300 kg) i de les forces d'inèrcia (acceleracions en sentit de pujada o de baixada de l'ascensor), que donen lloc a quatre combinacions:

    1*a*) Ascensor carregat, accelera pujant o desaccelera baixant:

    $$F_1 = (600+300)\cdot(10+1,5) = 10350 \text{ N}$$
    $$F_2 = (750)\cdot(10-1,5) = 6375 \text{ N} \qquad F_1/F_2 = 1,623$$

    1*b*) Ascensor descarregat, accelera pujant o desaccelera baixant:

    $$F_1 = (600)\cdot(10+1,5) = 6900 \text{ N}$$
    $$F_2 = (750)\cdot(10-1,5) = 6375 \text{ N} \qquad F_1/F_2 = 1,082$$

    1*c*) Ascensor carregat, desaccelera pujant o accelera baixant:

    $$F_1 = (600+300)\cdot(10-1,5) = 7650 \text{ N}$$
    $$F_2 = (750)\cdot(10+1,5) = 8625 \text{ N} \qquad F_2/F_1 = 1,127$$

    1*d*) Ascensor descarregat, desaccelera pujant o accelera baixant:

    $$F_1 = (600)\cdot(10-1,5) = 5100 \text{ N}$$
    $$F_2 = (750)\cdot(10+1,5) = 8625 \text{ N} \qquad F_2/F_1 = 1,691$$

2. *Nombre mínim d'anells de cable entre el tambor T i la politja P_1*
    Per assegurar la tracció en el cas més desfavorable cal que l'angle total abraçat pel tambor T proporcioni una relació de forces de tracció igual o més gran que el quocient més desfavorable ($F_2/F_1 = 1,691$):

    $$e^{\mu\cdot\theta_{\text{lím}}} \geq 1,691 \qquad \theta_{\text{lím}} = \frac{\ln 1,691}{\mu} = 3,503 \text{ rad} = 200,7°$$

    El cable abraça al tambor de tracció, T, amb dos arcs discontinus, θ_1 i θ_2 que sumen els seus efectes. Partint d'una distància entre els centres del tambor T i de la politja P_2 de 500 mm, els angles d'aquests dos arcs són:

    $$\theta_1 = \pi + \sin^{-1}\left(\frac{d_1 - d_3}{2\cdot a}\right) = 3,192 \text{ rad} \qquad \theta_2 = \frac{\pi}{2} + \sin^{-1}\left(\frac{d_1 - d_3}{2\cdot a}\right) = 1,596 \text{ rad}$$

    Per tant, l'adherència entre el cable i el tambor s'assegura quan els cables recorren un anell complet entre el tambor T i la politja P_2, amb dos arcs de contacte amb el tambor: $\theta_1 + \theta_2 = 185,732° + 92,866° = 278,598°$.

3. *Reaccions sobre A, B i C*

Els dos ramals que enllacen el tambor T, i la politja P_2, estan sotmesos a una força de tracció F_3 compresa entre les forces F_1 i F_2. Les relacions màximes entre les forces de tracció F_1 i F_3 (F_1/F_3 o F_3/F_1), i les relacions màximes entre les forces F_3 i F_2 (F_3/F_2 o F_2/F_3), són funció dels angles abraçats per aquests dos arcs discontinus:

$$e^{\mu \cdot \theta_1} = e^{0,15 \cdot 3,192} = 1,623 \qquad e^{\mu \cdot \theta_2} = e^{0,15 \cdot 1,621} = 1,275$$

En cada cas, la força de tracció F_3 mínima (F_{3min}, que no pot ser inferior ni a F_1 ni a F_2) s'obté a partir de la força de tracció més gran, F_1 o F_2, dividida pel corresponent valor de e$^{\mu \cdot \theta}$; i la força de tracció F_3 màxima ($F_{3màx}$, que no pot ser superior a F_1 ni a F_2). s'obté a partir de la força de tracció més petita, F_1 o F_2, multiplicada pel corresponent valor de e$^{\mu \cdot \theta}$.

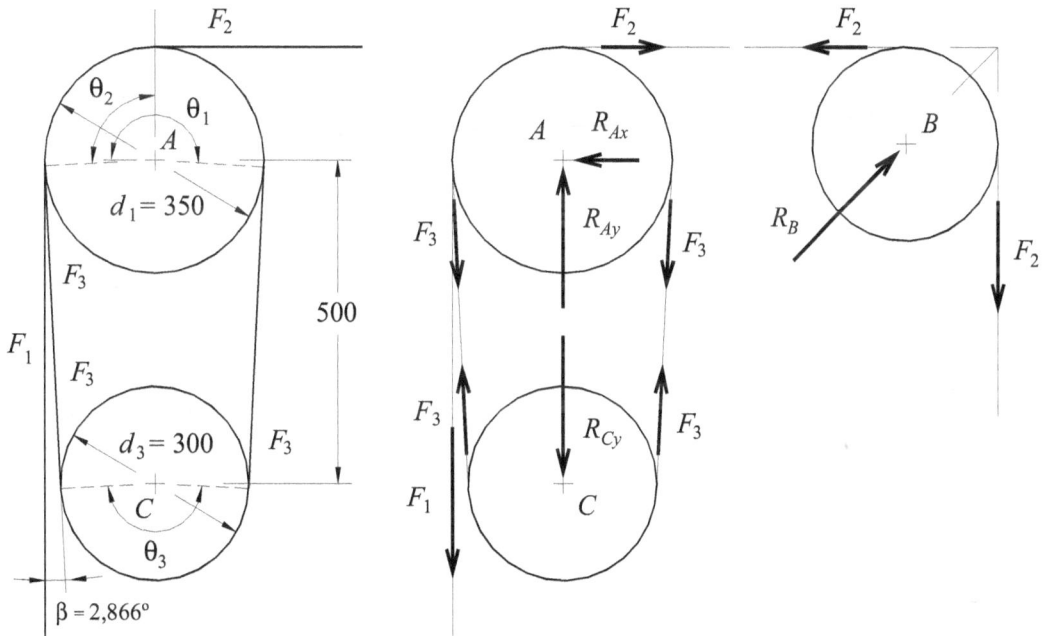

La possible variació de la força de tracció F_3 en cada un dels casos és:

3*a*) Ascensor carregat, accelera pujant o desaccelera baixant:

$$F_1/1{,}614 = 10350/1{,}614 = 6412{,}5 \text{ N} \qquad\qquad F_{3\,min} = 6412{,}5 \text{ N}$$
$$F_2 \cdot 1{,}275 = 6375 \cdot 1{,}275 = 8129{,}6 \text{ N} \qquad\qquad F_{3\,màx} = 8129{,}6 \text{ N}$$

3*b*) Ascensor descarregat, accelera pujant o desaccelera baixant:

$$F_1/1{,}614 = 6900/1{,}614 = 4275{,}0 \text{ N} \qquad\qquad F_{3min} = F_2 = 6375 \text{ N}$$
$$F_2 \cdot 1{,}275 = 6375 \cdot 1{,}275 = 8129{,}6 \text{ N} \qquad\qquad F_{3màx} = F_1 = 6900 \text{ N}$$

3c) Ascensor carregat, desaccelera pujant o accelera baixant:

$F_2/1{,}275 = 8625/1{,}275 = 6763{,}5$ N $F_{3\,mín} = F_1 = 7650$ N
$F_1 \cdot 1{,}614 = 7650 \cdot 1{,}614 = 12347{,}4$ N $F_{3\,màx} = F_2 = 8625$ N

3d) Ascensor descarregat, desaccelera pujant o accelera baixant:

$F_2/1{,}275 = 8625/1{,}275 = 6763{,}5$ N $F_{3\,mín} = 6763{,}5$ N
$F_1 \cdot 1{,}614 = 5100 \cdot 1{,}614 = 8231{,}6$ N $F_{3\,màx} = 8231{,}6$ N

La resolució dels diagrames de cos lliure per a cada una de les tres politges proporciona els valors de les reaccions A, B i C, a més d'altres dades i valors d'interès que es resumeixen en les següents taules

			a		b	
			$F_{3\,mín}$	$F_{3\,màx}$	$F_{3\,mín}$	$F_{3\,màx}$
Forces de tracció	F_1	N	10350	10350	6900	6900
	F_2	N	6375	6375	6375	6375
	F_3	N	6412,6	8129,6	6375	6900
Tambor T	$R_{Ax} = F_2$	N	6375	6375	6375	6375
	$R_{Ay} = F_1 + 2 \cdot F_3 \cdot \cos\beta$	N	23159,2	26588,9	19634,1	20682,7
	$M = (F_1 - F_2) \cdot d_1/2$	N·m	695,6	695,6	91,8	91,8
Politja P_1	$R_{Cy} = 2 \cdot F_3 \cdot \cos\beta$	N	12908,2	16238,9	12734,1	13782,7
Politja P_1	$R_B = 1{,}4142 \cdot F_2$	N	9015,6	9015,6	9015,6	9015,6

			c		d	
			$F_{3\,mín}$	$F_{3\,màx}$	$F_{3\,mín}$	$F_{3\,màx}$
Forces de tracció	F_1	N	7650	7650	5100	5100
	F_2	N	8625	8625	8625	8625
	F_3	N	7650	8625	6763,5	8231,6
Tambor T	$R_{Ax} = F_2$	N	8625	8625	8625	8625
	$R_{Ay} = F_1 + 2 \cdot F_3 \cdot \cos\beta$	N	22930,9	24878,4	18610,1	21542,6
	$M = (F_1 - F_2) \cdot d_1/2$	N·m	−170,6	−170,6	−616,9	−616,9
Politja P_1	$R_{Cy} = 2 \cdot F_3 \cdot \cos\beta$	N	15280,9	17228,4	13510,1	16442,6
Politja P_1	$R_B = 1{,}4142 \cdot F_2$	N	12197,6	12197,6	12197,6	12197,6

Enunciats de problemes

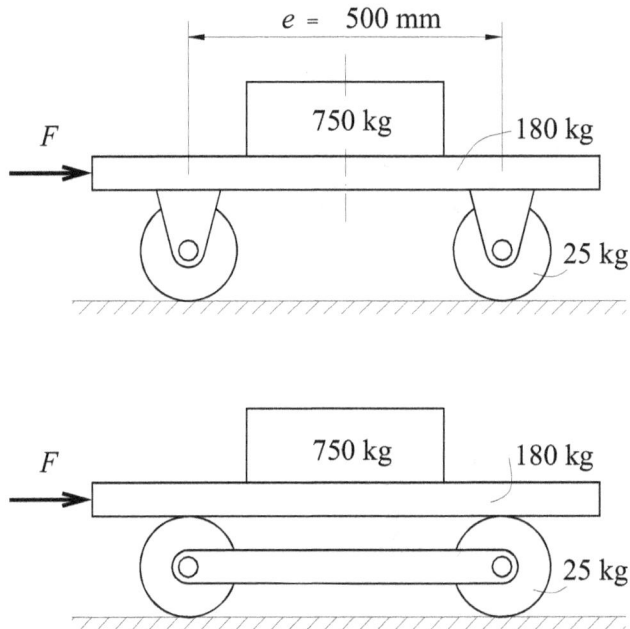

Enunciat

Una plataforma mòbil de massa 180 kg suporta una càrrega en el seu centre de 750 kg, i realitza un moviment horitzontal de vaivé de $e = 500$ mm. La Figura mostra dues alternatives constructives per a la disposició de rodes (cada conjunt de dues rodes i el corresponent eix té una massa de 25 kg):

Alternativa A
Les rodes d'acer de diàmetre $d_r = 200$ mm, rodolen sobre uns carrils fixos al terra (coeficient de rodolament, $\delta_R = 0,5$ mm) i estan articulades a la plataforma per mitjà d'uns coixinets de fricció de diàmetre $d = 40$ mm (coeficient de fricció de $\mu = 0,16$).

Alternativa B.
Les rodes d'acer de diàmetre $d_r = 200$ mm, rodolen per uns carrils fixos al terra i per sota de la plataforma (coeficient de rodolament, $\delta_R = 0,5$ mm), i estan distanciades entre elles per unes barres articulades als eixos amb uns coixinets de fricció de $d = 40$ mm (coeficient de fricció de $\mu = 0,16$).

Es demana la força horitzontal, F, que cal exercir sobre la plataforma en cada un dels dos casos per a vèncer les forces passives.

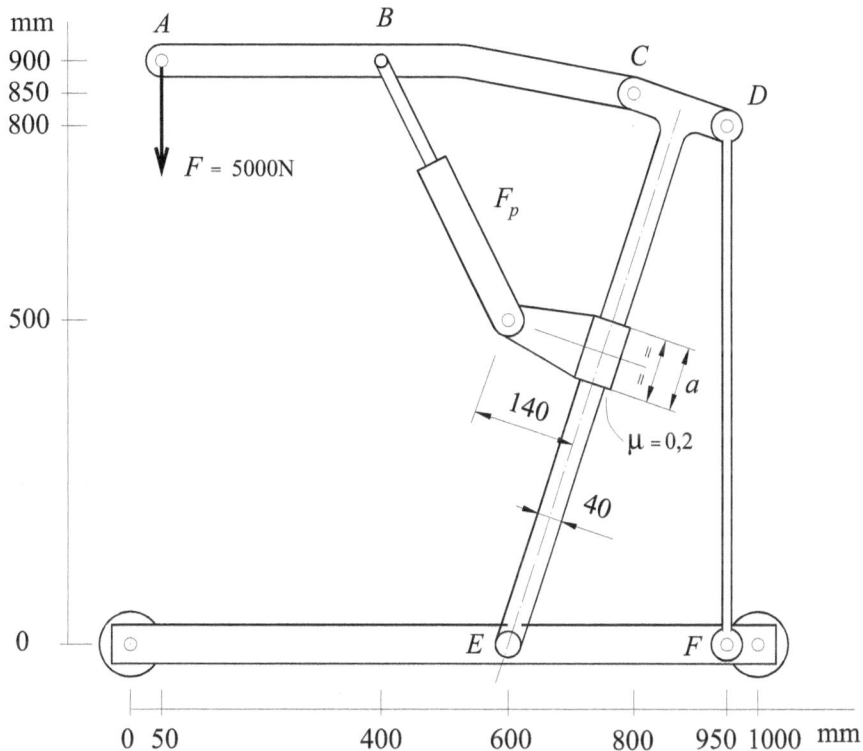

Enunciat

La figura mostra un enginyós dispositiu elevador que permet regular l'alçada a través d'una corredora que llisca sobre una barra que, amb l'acció de les forces del pes, produeix una autoretenció d'aquest parell prismàtic.

Es demana:

1. L'amplada, a, màxima per assegurar que es produeixi autoretenció en el parell prismàtic.
2. Les reaccions del terra sobre les rodes. Força horitzontal per moure aquest dispositiu carregat (el pes propi es considera de 1000 N repartit de forma igual sobre les rodes del davant i les del darrera), sabent que s'utilitzen rodaments radials de boles de forat interior 30 mm, i que el coeficient de rodolament entre les rodes (de diàmetre 180 mm) i el terra és de $\delta_R = 1,5$ mm.
3. Les forces que es transmeten a través de les articulacions B, C, D, E i F.

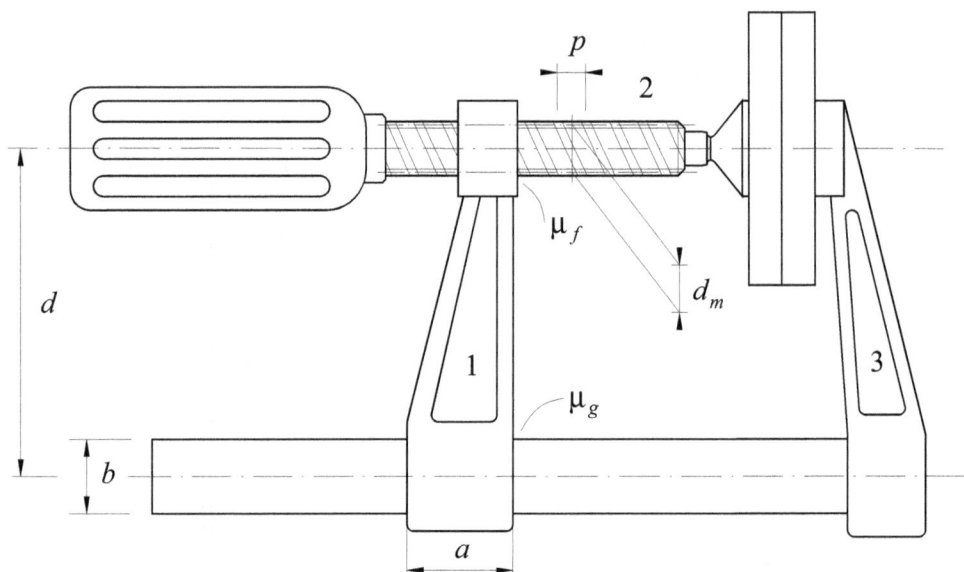

Enunciat

El sarjant és una mordassa mòbil que funciona gràcies que es produeix el doble fenomen d'autoretenció en el parell helicoïdal de la rosca (entre les peces 1 i 2) i en el parell prismàtic de la guia corredora (entre les peces 1 i 3).

Partint de la distància entre l'eix del cargol i el pla mig de la guia, d, i dels límits d'adherència en la rosca, μ_r, i de la guia, μ_g, es demana que s'estableixin les relacions entre els principals paràmetres d'aquest sistema que es donen a continuació per tal d'assegurar el seu correcte funcionament.

d_m = Diàmetre mig de la rosca
p = Pas de la rosca
a = Llargada de la guia
b = Amplada de la guia

Establiu un conjunt adequat de valors per a un sarjant de distància d=100 mm.

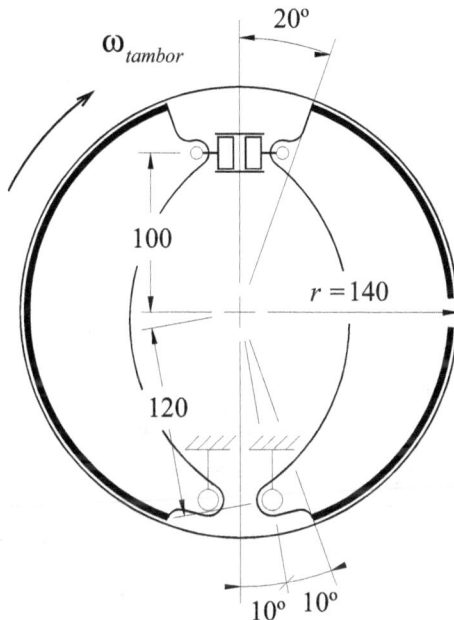

Enunciat

Un fre de tambor té dues sabates articulades accionades amb la mateixa força, F, per un pistó hidràulic comú i flotant. L'amplada de contacte entre la cinta i el tambor és de $b=40$ mm.

Es demana:

1. Determineu quina sabata és la primària i quina la secundària ?

1. Parell de fricció màxim que pot exercir cada sabata sense que la primària superi la pressió admissible, $p_{adm}=0,5$ MPa ? ($\mu=0,3$).

2. Força, F, del pistó hidràulic.

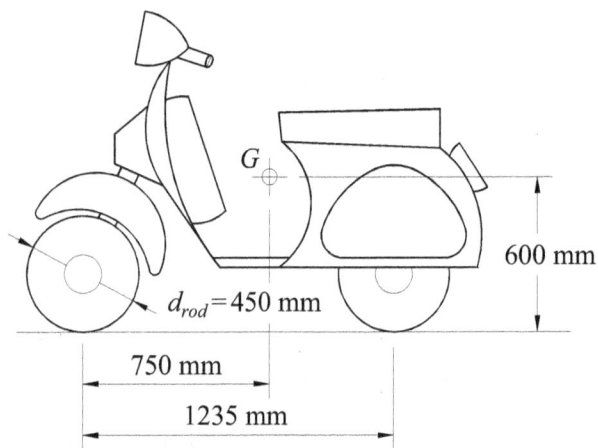

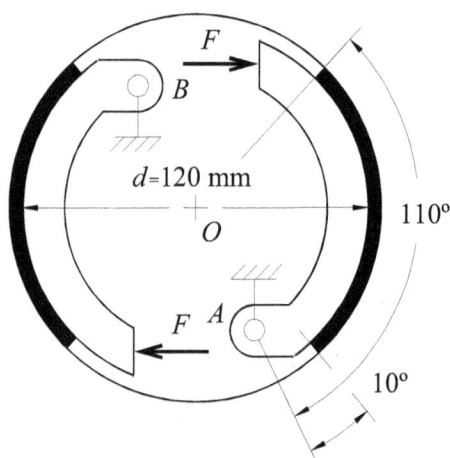

Enunciat

Es vol analitzar un nou disseny de fre de dues sabates i doble lleva per a la roda del davant d'una motocicleta.

En les condicions extremes el vehicle pot anar a una velocitat de $v_{màx}$=108 km/h i té una massa de m_T=258 kg (motocicleta: m_M=108 kg; dos passatgers: m_P=150 kg).

La motocicleta s'ha d'aturar en una distància de e = 60 m utilitzant sols el fre de la roda davantera. S'admet un coeficient de fricció sabata-tambor de μ = 0,4 i un límit d'adherència roda-terra de μ_0 = 0,9 i.

Es demana:

1. És suficient l'adherència de la roda al terra ?

2. Les sabates són primàries o secundàries ?

3. Suposant una adherència roda-terra suficient, força F han de fer les lleves (se suposen iguals) per assegurar la frenada

4. En aquest darrer cas, pressió màxima entre sabata i tambor si l'amplada de contacte és b=25 mm

Enunciat

Es vol dissenyar un embargatge multidisc per a transmetre una potència de $P = 75$ kW a una velocitat de $n = 2000$ min^{-1}. Es parteix d'uns discs de diàmetres intern i extern de $d_1 = 100$ mm i $d_2 = 150$ mm, i d'un material que proporciona un coeficient de fricció de $\mu = 0,25$ i una pressió màxima admissible de $p_{adm} = 0,15$ N/mm^2.

Es demana:

1. Nombre mínim de cares de discs actives, z
2. Força axial, F_A, necessària

Aquest embragatge s'usa per a transmetre potència a un rotor de massa 1150 kg amb un radi de gir de $i_G = 200$ mm i un parell receptor constant de $M_r = 100$ N·m.

Es demana encara:

3. Temps d'arrencada del sistema fins a la velocitat de règim de 2000 min^{-1}, sabent que, per a la gamma de velocitats operativa, el motor pot proporcionar un parell superior al transmès per l'embragatge.

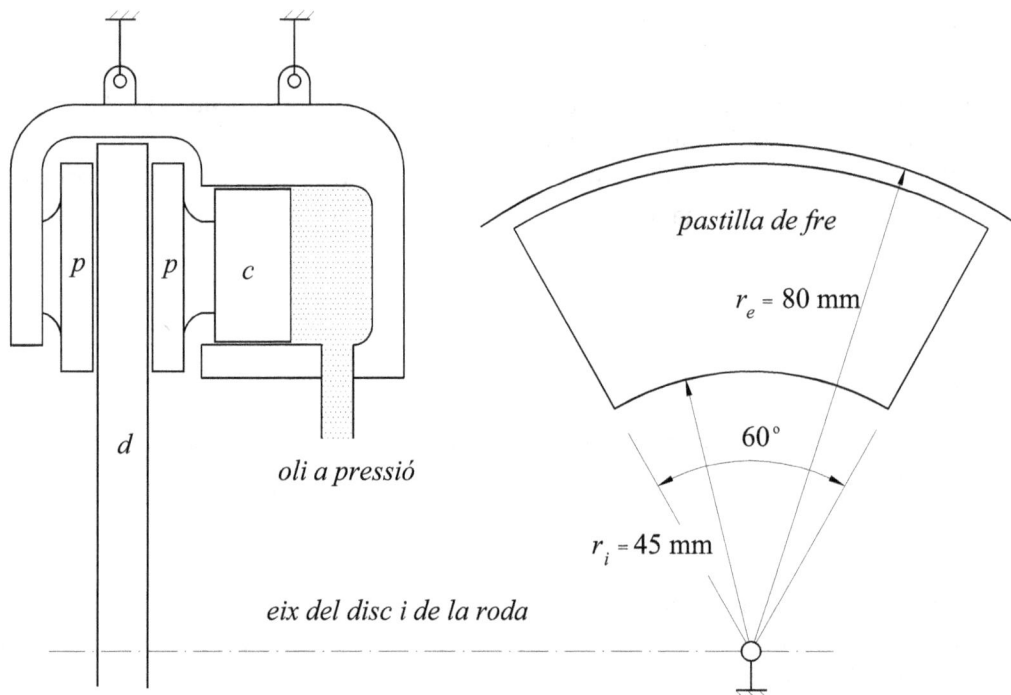

pastilla de fre

$r_e = 80$ mm

60°

$r_i = 45$ mm

oli a pressió

eix del disc i de la roda

Enunciat

La figura esquematitza un mecanisme de fre de disc d'una motocicleta. El fre consisteix en dues pastilles, p, que s'estrenyen contra el disc, d, a causa de l'esforç del cilindre hidràulic, c. La pressió admissible en el material de frec és de $p_{adm} = 0,6$ N/mm^2 i el coeficient de fricció és de $\mu = 0,4$.

Es demana:

1. Parell de frenada màxim que pot exercir el fre prenent les hipòtesis de desgast constant i de pressió constant

2. Quina de les dues hipòtesis us sembla la més adequada ?

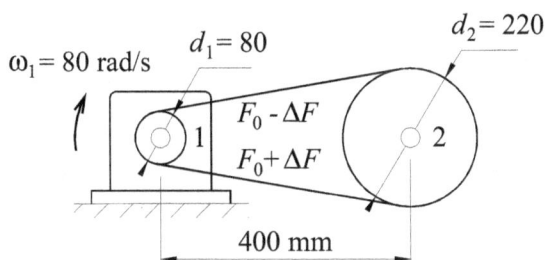

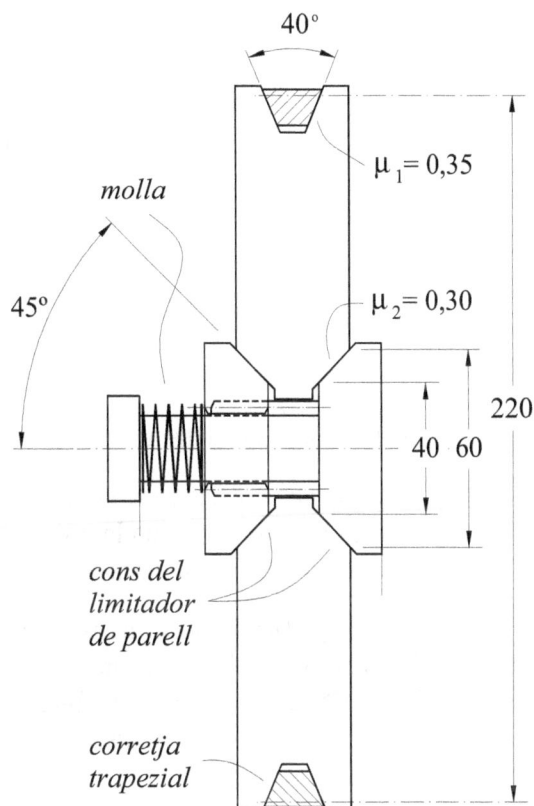

Enunciat

La Figura mostra una transmissió per corretja trapezial entre l'arbre motor 1 i l'arbre receptor 2.

La politja receptora està muntada sobre un limitador de parell format per dos contactes cònics de sentits oposats.

La força de tensió inicial de la corretja és $F_0 = 150$ N (es considera que quan transmet parell, la tensió del ramal més tensat s'incrementa en el mateix valor que disminueix el ramal menys tensat).

En funció dels paràmetres de la Figura, es demana:

1. Tensions màxima i mínima en els ramals de la corretja quan està a punt de relliscar (la massa per unitat de longitud de la corretja és: $m_l = 0,2$ kg/m).

2. Parell màxim que pot transmetre l corretja sobre l'arbre receptor.

3. Força màxima de la molla del limitador de parell per tal que rellisqui al mateix temps que la corretja.

Enunciat

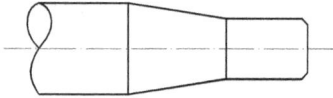

La unió entre el plat magnètic amb l'arbre del cigonyal d'una motocicleta de baixa cilindrada es realitza per mitjà d'una unió cònica de les següents característiques:

$d_1 = 10$ mm; $d_2 = 16,24$ mm;
$\alpha = 11,56°$ ($\tan\alpha = 0,2$); $\mu = 0,3$

En el cas que hagi de transmetre un parell de $M = 5$ N·m, es demana:

1. Força mínima en la direcció axial que ha de fer el cargol
2. Pressió màxima a què treballa la unió.
3. Força que hauria de fer un extractor si el plat es queda enclavat

En el cas de manegaments, no hi ha pròpiament una acció de desgast que asseguri una determinada distribució de pressions. A tal fi, es demana que es treballi amb les hipòtesis de distribució uniforme en funció del radi, i distribució inversament proporcional al radi. Compareu els resultats. Quin és el més crític ?

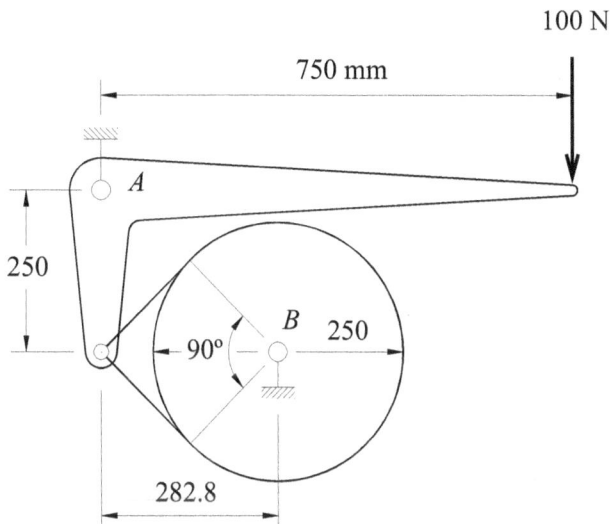

Enunciat

La figura representa un fre de cinta reversible, ja que no varia el seu caràcter primari o secundari en funció del sentit de gir.

La cinta té una amplada de $b = 50$ mm i el coeficient de fricció amb el tambor és de $\mu = 0,2$.

Es demana:

1. Distribució de pressions sobre la cinta i pressió màxima

2. Forces de tracció màxima i mínima

3. Reaccions en els eixos A i B

4. Estudiar el comportament del fre quan s'inverteix el sentit de gir del tambor.

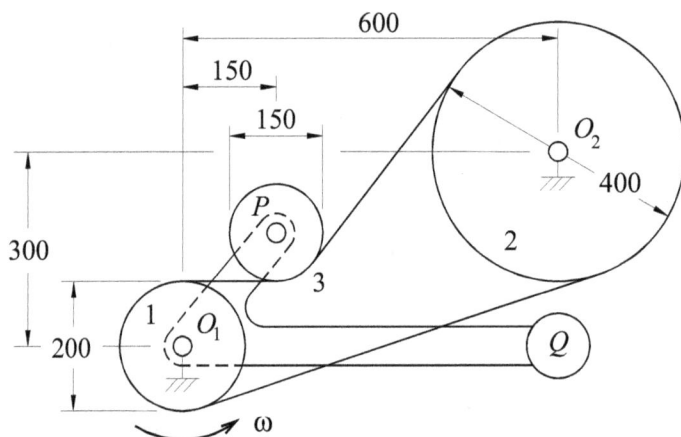

Enunciat

La transmissió per corretja de la Figura utilitza com a mecanisme tensor el pes de la palanca en forma de colze PO_1Q. Sols es consideren les masses de la politja del tensor, $m_P=12$ kg ($d_P=150$ mm), i del contrapès Q.

Si es desitja transmetre una potència de $P=2,5$ kW des de l'eix O_1 (politja de diàmetre $d_1=200$ mm) que gira a $\omega_1=500$ min^{-1} a l'eix O_2 (politja de diàmetre $d_2=400$ mm), es demana:

1. Quin és el valor mínim de la massa Q ?
2. Suposant que la massa del contrapès Q és $m_Q=20$ kg, quina és la potència màxima que es pot transmetre ?
3. Què passaria en el cas anterior si s'invertís el sentit de gir de l'eix O_1 ?

Es considera un límit d'adherència entre la corretja i les politges de $\mu_0=0,3$.
La resta de distàncies dels diferents elements del mecanisme s'obtenen mesurant la figura feta a escala.

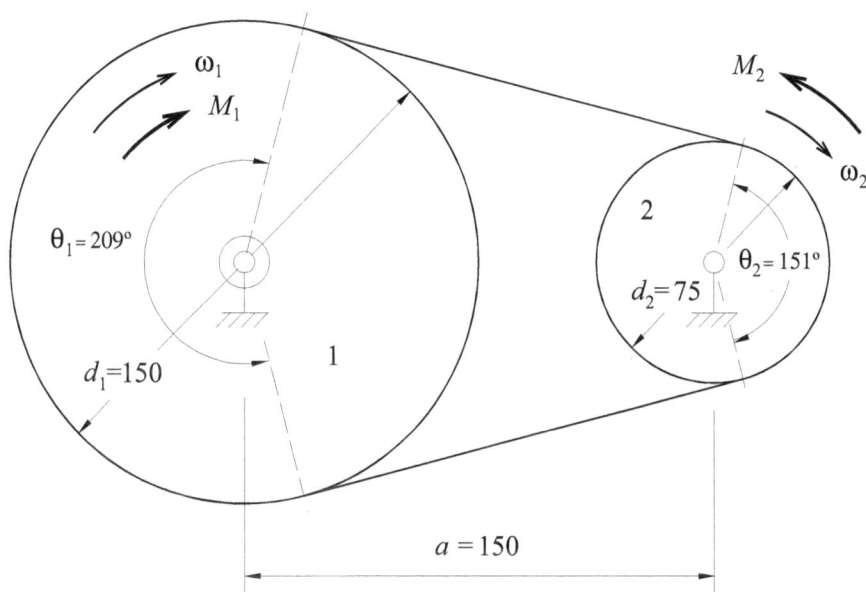

Enunciat

La figura representa una transmissió multiplicadora ($i=0,5$) per corretja trapezial (límit d'adherència equivalent $\mu_{eq}=1$) entre l'arbre motor 1 on hi ha acoblat directament un conjunt format per un motor elèctric asíncron i un fre, i l'arbre receptor 2 que suporta l'eina d'una màquina-eina per a fusteria. El sistema s'engega i s'atura sense càrrega, o sigui, sense parell resistent de l'eina situada en l'arbre 2.

Durant l'arrencada, el parell motor (suposat constant) és de $M_m=28$ N·m i, durant la frenada, el parell del fre (també suposat constant) és suficient per aturar la màquina en un temps de $t_f=2$ segons. Quan l'eina treballa, el motor proporciona la seva potència nominal que és de $P_N=3,60$ kW. Es demana:

a) Rellisca la corretja durant el treball de l'eina ?
b) Rellisca la corretja en la frenada ?
c) Rellisca la corretja en l'engegada ?

Les característiques del sistema són: Moments d'inèrcia associats als arbres: $J_1=0,08$ kg·m^2, $J_2=0,05$ kg·m^2; Diàmetres de les politges: $d_1=150$ mm, $d_2=75$ mm; Angles de contacte: $\theta_1=209°$ i $\theta_2=151°$; Distància entre eixos: $a=150$ mm; Velocitat angular de l'arbre motor: $\omega_1=300$ rad/s (2865 min^{-1}); Força de tracció inicial de la corretja: $F_0=225$ N (es considera que, en tot moment, la suma de forces de tracció és $F_1+F_2=2\cdot F_0$); Longitud de la corretja: $L_p=643,5$ mm; Massa de la corretja: $m_c=0,072$ kg.

Bibliografia

AGATI, P.; ROSSETTO M. [1994]. *Liaisons et mécanismes*. Dunod, Paris.

AGULLÓ I BATLLE J. [1995]. *Mecànica de la partícula i del sòlid rígid*. Publicacions OK PUNT, Barcelona.

AUBLIN, M.; i altres [1992]. *Systèmes mécaniques. Théorie et dimensionnement*. Dunod, Paris.

BARÁNOV, G.G. [1979]. *Curso de la teoría de mecanismos y máquinas*, Editorial MIR, Moscú.

CARDONA, S.; i altres [2000]. *Teoria de màquines*. CPDA, Col·lecció Politext 80, Edicions UPC, Barcelona.

DE LAMADRID MARTÍNEZ, A.; DE CORRAL SAIZ, A. [1992]. *Cinemática y dinámica de máquinas*, ETS de Ingenieros Industriales, Madrid (VII edició; primera edició 1969)

DOBROVOLSKI, V.; i altres [1970]. *Elementos de máquinas*. Editorial MIR, Moscú.

ESNAULT, F. [1994]. *Construction mécanique. Transmission de puissance. Applications*. Dunod, París.

HANNAH, J.; STEPHENS, R.C. [1982]. *Mechanics of Machines. Advanced theory and examples*. Editat per Edward Arnold, Londres (primera edició de 1963).

NIEMANN, G. [1987]. *Elementos de máquinas (volumen I)*. Editorial Labor S.A., Barcelona.
Existeix una edició anterior més extensa: NIEMANN, G. *Tratado teórico-práctico de elementos de máquinas. Cálculo, diseño y construcción*. Editorial Labor S.A., Barcelona.

ORLOV, P. [1974-1979]. *Ingeniería de diseño*. Editorial Mir, Moscú (volum I, 1974; volum 2, 1975; volum 3, 1979).

ORTHWEIN, W.C. [1986]. *Clutches and brakes. Design and selection*. Marcel Dekker, Inc., New York and Basel.

(RAMÓN MOLINER, P.) [1978]. *Cinemática de máquinas*. (redactat per un grup d'alumnes segons les explicacions de la càtedra). CPDA de la ETS d'Enginyeria Industrial de Barcelona.

RIBA ROMEVA, C. [1984]. *Rendimiento de las transmisiones mecánicas (I)*. Revista Proyecto nº 2, Barcelona maig-juny.

RIBA ROMEVA, C. [1984]. *Rendimiento de las transmisiones mecánicas (II)*. Revista Proyecto nº 2, Barcelona juliol-agost.

RIBA ROMEVA, C. [1995]. *Disseny de màquines II. Estructura constructiva*. Edicions UPC, Barcelona (segona edició).

SHIGLEY, J.E.; MITCHELL, L.D. [1985]. *Diseño en ingeniería mecánica*. McGraw-Hill Book Company, México.

SHIGLEY, J.E.; MISCHKE, Ch.R. [1989]. *Mechanical engineering Design* McGraw-Hill Book Company, New York (cinquena edició).

SKF [1971]. *Rodamientos en máquinas-herramientas*. Edita SKF, Göteborg.

TRYLINSKI, W. [1971]. *Fine mechanisms and precision intruments*. Pergamon Press, Oxford .

WILLIAMS, J.A. [1994]. *Engineering Tribology*. Oxford Science Publications, Oxford.